掌尚文化

Culture is Future

尚文化·掌天下

A STUDY ON
EXPERT RESPONSE
BEHAVIOR IN
FORESIGHT SURVEYS

共识与分歧

预测调查中的专家响应行为分析

袁立科 著

经济管理出版社
ECONOMY & MANAGEMENT PUBLISHING HOUSE

图书在版编目（CIP）数据

共识与分歧：预测调查中的专家响应行为分析／袁立科著. —北京：经济管理出版
社，2022. 12

ISBN 978-7-5096-8845-8

Ⅰ. ①共⋯　Ⅱ. ①袁⋯　Ⅲ. ①技术预测—研究　Ⅳ. ①G303

中国版本图书馆 CIP 数据核字（2022）第 241114 号

策划编辑：张鹤溶

责任编辑：张鹤溶

责任印制：黄章平

责任校对：王淑卿

出版发行：经济管理出版社

（北京市海淀区北蜂窝 8 号中雅大厦 A 座 11 层　100038）

网　　　址：www. E-mp. com. cn

电　　　话：（010）51915602

印　　　刷：唐山昊达印刷有限公司

经　　　销：新华书店

开　　　本：720mm×1000mm /16

印　　　张：16. 75

字　　　数：222 千字

版　　　次：2023 年 4 月第 1 版　　2023 年 4 月第 1 次印刷

书　　　号：ISBN 978-7-5096-8845-8

定　　　价：88. 00 元

前　言

当今世界，新一轮科技革命蓄势待发，一些重大颠覆性技术创新正在创造新业态，科学技术在应对社会重大挑战的研究和政策中变得越来越重要。加快新兴技术创新发展已成为各国变革经济结构、抢占国家战略制高点的强大动力。然而，在这个技术快速变革，高度不确定性、复杂性的时代，我们如何追踪新兴技术和新理念，识变、应变、求变，以推动最具前景的创新来实现社会使命？我们如何识别矛盾并就社会挑战带来的复杂难题做出决策？这些问题需要通过技术预测来提供持续、及时的情报，以为战略制定和决策提供支持。技术预测定义为针对未来较长时期的科学、技术、经济和社会发展所进行的系统研究，其目标是确定具有战略性的研究领域，选择对经济和社会利益具有最大贡献的技术群。这种对于技术未来的前瞻研究，是一场审议的过程，也是一种集体学习的工具，并对接下来的战略部署与行动产生引导性的影响。

如今，预测已成为一项"系统"化的活动。与更广泛的利益相关者共同参与未来的集体决策是预测的一个核心特征，并与其他面向未来的规划活动区分开来。作为预测的一个关键要素，不同主体参与其中并通过会聚不同类型知识以及利益相关者的价值观和偏好，为未来发展的集体研究建立起一个对话机制，并产生对未来技术的信任及承诺。预测核心的精神内核就在于参与和沟通，集思广益，以达到理性的共识效果，减少科技发展阻力，增强科技创新向心力。在这种情况下，定量的预测方法，如趋势外推类方法，经常被证明是不可靠的。利用专家在专业方面的经验与知识，做出直观判断的专家预测方法成为技术预测主流方法，而德尔菲法通过一系列调查问卷，并附以受控的意见反馈，以获取最可靠的意见共识，在现代预测活动中得到普遍应用。相对于面对面座谈会式的讨论，德尔菲法产出结果较有系统且更利于分析和评估，更受青睐。

德尔菲法虽然具有以上优点，但是也有若干缺点，如群体意见的不确定性、复杂性、从众性等。这些缺点主要来自认同的压力或急欲达成共识的压力。还有，群体思考可能产生的错误并不比个人思考来得少，极可能因此产生群体偏见或谬误；若有主导性强的个人强烈推销其个人观点，同样可能压制反对者的论述。此外，排除极端因素也容易出现排除正确预测的倾向，因为有时正确意见恰恰在少数或个别人手中。而且，预测结果易受专家的经验、知识、专长、判断准则和文化背景等条件的影响，而各个专家在上述方面都有一定程度的差别，对预测对象的评估角度和评估依据也往往不同。

其中，"共识"与"分歧"是预测调查过程中最常见的一对矛盾体，其背后隐藏调查者的"态度"。德尔菲法的匿名、受控反馈等特性，在为技术发展优先序选择提供重要参考信息的同时，也为审视调查专家的行为逻辑提供了非常好的研究素材。这也是本书写作的目的。

本书第一部分包括第一至第三章，重点探讨了预测过程的专家参与问题，以及为减缓专家参与带来的偏差问题而进行的系统化设计，提出德尔菲法的适用条件并介绍调查概况，给读者一个全面、精细的理论与实践梳理分析。第一章强调技术预测离不开专家的参与，但由于人的有限理性，在预测未来的时候容易带来争议。如何理解并缓解专家偏差，优化技术预测方法，是技术预测研究领域的重点和难点。第二章提出了系统性预测的思考。德尔菲法是"系统分析"方法在意见和价值判断领域内的一种有益延伸，它突破了传统的数量分析限制，对可能出现和期待出现的前景作出估计，为决策者提供多方案选择的可能性。紧接着，在第三章，作者详细梳理了德尔菲法的适用条件及信息反馈相关研究，结合第六次国家技术预测实践，介绍德尔菲法专家调查设计与概况。

第二部分包括第四至第八章，主要围绕专家在预测调查中所表现出来的不同响应行为进行分析。群体沟通过程的有效结构可以视为德尔菲研究的主要目标，而共识测量是德尔菲研究中数据分析和解读的重要组成部分，因此，第四章首先研究预测调查中的核心问题——共识检验，强调了"共识"与"稳定性"的重要性，并提出了多种共识检验方法，进行实践应用评价。第五章针对德尔菲调查的反馈迭代特性，从不同维度思考专家意见的分歧，分析专家多元化对意见调整的影响，以及不同的情境会有怎样的不同表现。我们知道，小组成员按照德尔菲调查轮回过程中的意见调整行为，是做好德尔菲调查的前提，有助于实现高质量群体共识意见的形成。但是，专家是否能提供最佳判断和预测，尤其是在自我评价的专业知识方面是否准确，一直存在争议。第六章回应这种争议，揭示了预测调查中专家的积极评价倾向并解释可能导致的原因。同时，德尔菲调查不仅要寻求共识，也要了解参与调查专家的对问题持有的极端反应。第七章测试了德尔菲预测调查专家的极端响应行为，审视专家小组成员的特征信息及其对异质性观点的影响。除此以外，调查问卷的设计形式也会对专家心理变化产生影响，通过增加开放式问题的设置，可以来获取有价值的额外信息。第八章探讨了德尔菲调查过程中，参与专家个人特征、背景信息、认知等因素如何影响他们对于非共识、颠覆性技术研判的开放式问题的响应行为，并进一步研究了对开放式问题的投入意愿。

最后一部分是第九章，实际上不能算作结论，更多的是提出了一些新的思考。实际上，技术预测活动并不是精确的科学，其科学成分和艺术成分一样多，做好技术预测需要实践的磨炼。专家的选择是重中之重，什么样的专家群体参与就决定了什么样的研究结论和研究质量。方法论的优化是我们强调的一个方面，此外，预测结构需"量""质"并举，预测文化的塑造和培育，专家创新精神与责任担当都是需要重视的关键变量。

也许有人认为，现在很多国家已经不再把德尔菲法作为技术预测核心方法了，而且，现在都已经进入大数据、智能化时代了，以德尔菲法为代表的专家调查预测方法，存在或这或那的问题与不足，是不是不适应新形势、新趋势了？其实不然，方法的适用是与各国的政治经济文化发展密切相关的，有些国家公众讨论、公开辩论的风气由来已久，专家面对面交流意见的方式更为适用；但对于我国来说，匿名的德尔菲法可以排除专家的社会和心理压力，适用性更高。而且，预测所考虑的前瞻性技术，目前仍然处于前期研究阶段或萌芽状态，也有可能是目前未曾出现过的技术突破，是着眼于未来科技发展趋势的研判，时间跨度一般为 15 年，甚至更长。以人工智能为基础的自动化预测方法不足以为高质量的预测过程提供支持。但我们也不漠视、不回避问题，重要的是，要去拨开专家纷繁复杂的行为模式"迷雾"，判断参与预测研究调查的响应程度并找出其内在的联系，提升我们对预测领域和情景的理解，并将我们所形成的经验与思考应用于未来的实践。

当然，站在今天的角度去看未来，关于技术预测还有许多待解的谜题，如实时德尔菲法和传统德尔菲法，孰优孰劣？如何认识专家的结构"黑箱"，怎样的专家结构才算科学？等等。这对我们技术预测研究学者提出了要求，需要对预测本身受到何种影响进行评估和预测，将"预测"的理念嵌入技术预测研究，建立不断修正对技术预测认识的动态调整机制，促进创造性思维。作者期待与感兴趣的读者们共同分享经验，并在未来探索的道路上共同解开谜底。

目　录

第一章　预测过程中的专家参与

当前，新一轮科技革命和产业变革正在重构全球创新版图、重塑全球经济结构。世界面临史无前例的巨大变化，科技创新成为改变全球竞争格局的关键变量，同时，科技发展的不确定性也引发了各类风险挑战。新形势下，各国政府都在进行全面的自省与布局，并对未来的变迁趋势开展预测研究以应对可能的变化。另外，随着技术的社会功能逐步多元化，精英决策模式的科技政策规划方式将逐渐被多元利益相关者的民主决策模式所取代。为了提高对未来的科学认识，增强行为的科学性，需要多元化的专家根据自己的知识和经验对有关问题的未来发展情况做出判断。但由于人们的有限理性，在预测未来的时候容易出现各种偏差，从而使预测具有很大的主观性。如何理解并缓解专家偏差、优化技术预测方法，成为技术预测研究领域的重点和难点。

第 一 节　 不 确 定 性 与 预 测

科学技术发展与不确定性一直是伴生伴长的，特别是新兴科学技术发展在作为现代社会变迁核心的同时，也带来了极高的不确定性问题。对于这种两难性问题，预测可以提供国家发展所必需的宏观思考与中观执行规划，包括国家优先发展的配置、科学与产业间网络的联结、研发体系与行政文化的转变以及愿景共识的建立，因此国家层级的预测逐步发展成为政策规划的决策利器。

一、科技的不确定性

不确定性是关于未知的未来，对于现在和过去，不存在不确定性的问题，而只有无知的问题，这种无知是可以消除的，而未来的未知是不可消除的（曾磊等，2007）。世界是无限的、发展的、复杂的，包含着大量偶然性和随机性因素。认识对象的复杂性是科学的不确定性的最基本的来源。决策过程的基本特征是面向未来，未来本质上就是不确定的（Magruk，2017）。概率论、测不准原理和复杂性科学，都表明了事物固有的以及主客观互动必然带来的不确定性（徐凌，2006）。尤其是对于新兴技术来说，新兴技术系统及应用都是不确定的，包括技术成本或性能、研发实现、商业化等。在科学与政策交互联系的界面上，科学产出所固有的不确定性、科学争论所引起的不确定性、科学家个人因素所导致的不确定性是政策制定过程中所必须面对的（赵正国，2011）。同时，新兴技术的认知不确定性源于新兴技术本身和社会的交互关系，新兴技术必然涉及多元主体，多元主体对新兴技术都有不同的看法、目标和资源，决定了多元主体会利用不同的策略来应对新兴技术本身的不确定性，这就形成了认知不确定性（Meijer et al.，2007）。简单来说，不确定性是指缺乏足够的信息，无法预测项目的结果。不确定性是创造选择的动因，不确定性和风险是两码事。风险会带来巨大的损失，不确定性可以带来巨大的机会。我们需要对不确定性不断细化，从根本上消除各类风险。现代科学技术的研发与创新应用，无法再用线性的因果逻辑来假设与分析，而是牵涉了全球视野下各种社会的价值、伦理、政治文化脉络的复杂性，对科学技术与社会权力的互动及风险问题影响深远。

在认知上，不确定性基本上是科学认识的本质问题，科学的原则出于怀疑和不确定性。进入高科技社会，不确定性原则更显重要，它强调科学本质上牵涉不同变数的复杂性问题，而且对当下领域交叉群体跃进态势的预测评估确实不易。这种现实情况表明，仅依靠科学系统本身主动的反省是不够的，而且技术轨道的变迁跃进、突破性技术的出现，以及新兴技术引发的挑战等对科技管理主管部门来说是一种突然的风险，已经不断地在冲击传统的认识框架，倒逼科技系统去反省不确定性所造成的广泛风险问题。虽然有限理性和认知风险使新兴技术的不确定性无法避免，但这并不代表我们束手无策。即使在技术发展的早期阶段这样极度复杂、极度模糊的高不确定性情况下，也可以通过一些途径来降低不确定性。关键问题是如何以成效的方式处理不确定性和不可预估性，以便从预测性工作中产生可采取行动的洞察力（Minkkinen et al.，2019）。

二、科技治理面临转型

科学与技术作为创新发展重要的关键来源，是全球化竞争的焦点（Stein，2002）。20 世纪 90 年代，世界各国政府竞相制定作为国家竞争与利益象征的科技政策，期待在全球的科学与技术研发竞争中取得竞争优势，甚至占据主导地位。新兴国家也不落后于人，学习先进国家经验，制定有利于实现后发国家追赶的科技政策。但我们也看到，全球激烈的科技竞争及产业的政策面临风险与信任的挑战，创新发展与新兴科技在带来制度性变革的同时，也带来了对社会及伦理价值的冲击，使科技与社会之间的共生演化产生了严重的落差（Nowotny et al.，2001）。科学技术发展无法脱离社会的基础支持，近年来，各国政府付出各种努力，审视科技与社会的价值冲突，并建构风险治理制度。一方面，"国家竞争力、国家创新优势"等注重经济与科研竞争的口号越来越响，国家开始扮演新的角色；另一方面，新兴技术发展不确定性、全球社会差距"鸿沟"、环境破坏、伦理价值冲击等愈演愈烈。也就是说，国家的治理角色面临调整，必须转换或增强科技风险治理的能力。传统专业的权威、中心式的决策模式产生了严重的治理困境，无法再以单一的、科学主导式的治理来应对挑战，需增加多元的、专业的、社会审议的实质程序与沟通。

如何在兼顾外在环境的挑战、内部环境的需求及国家整体科技资源限制的前提下，前瞻性地研究符合国家及产业发展所需的科技，确保国家科技实力与竞争力的提升，是科技管理部门面临的重大挑战。新一轮科技革命和产业变革成为引发国际格局和治理体系调整的核心驱动力，科技创新治理的重要性不断提升。2016年5月，习近平在全国科技创新大会、中国科学院第十八次院士大会和中国工程院第十三次院士大会、中国科学技术协会第九次全国代表大会上的重要讲话，明确要求"政府科技管理部门要抓战略、抓规划、抓政策、抓服务"，为深化政府科技管理改革指明了方向。完善科技创新战略体系、规划体系、政策体系、服务体系，是推进科技创新治理体系和治理能力现代化的总要求。部门和地方要从"治理"视角来推进政府职能转变，推进制度创新同科技创新相适应，促进科技创新治理体系实现整体性、格局性变化，提升科技创新治理能力和治理效能（万劲波，2020）。科技发展除了考虑正面的经济、技术效益外，也必须兼顾政治、社会、文化可能带来的成本，同时在部署科技发展任务之初，集思广益，凝聚共识，可以减少科技发展阻力，增强科技创新向心力。鉴于此，政府在配置科技资源时，必须有一套系统性的作业模式以达成目标。技术预测作为一种战略工具，可以扩展决策者的感知范畴，以使决策者得以明辨未来新发展的可能动力，并避开或降低所带来的风险与不确定性（Sedlacko & Gjoksi, 2010），因此成为国家战略规划与研发部署的重要手段。

在这个脉络下，传统科技决策模式需要转型，原因之一就是传统技术官僚规划主导的科技研发与创新，往往强调线性的经济成长关系，或者在创新系统模式下强调市场与效率取向。然而，这种单面向的、线性的发展，在敏感性风险和高科技风险的挑战下，受到了相当强烈的质疑，国家科技政策的正当性也被重新检讨（周桂田，2007）。在这个发展趋势下，全球逐步出现风险治理的呼声。预测作为一种降低技术发展不确定性、促进科技治理转型的重要工具，在德国、日本、英国等国家的政府部门变得越来越重要，其目标是汇集主要组织的观点，以便更好地形成未来中长期的驱动力，制定战略愿景或行动计划。预测不仅会影响议程的设置，而且还为参与者之间的后续互动创造持久的沟通渠道。信息通信技术的发展与应用进一步促进预测作为一种网络形式连接各个利益相关部门，确保问题讨论的广度、深度和参与度。国家层面的技术预测作为政策制定的程序工具，在预测过程中需要与政府保持良好的沟通。然而，传统的技术预测较多考虑来自技术专家和政治专家的意见和观点，较少考虑社会公众的意见、观点和价值（陈瑜和丁堃，2018）。预测的参与者在试图找到足够的方法来识别和分析关于科技未来发展的相关信息时总会遇到困难。一些预测方法，如趋势外推、专利分析、建模等，潜在的缺陷非常明显，其产生的未来形象依赖于可用的数据信息，而这些可用信息通常是不完整的、扭曲的，甚至可能产生误导。集体预测的方法将参与者扩展到了能够发表观点的群体，如德尔菲专家调查或专家小组研讨会等，改变了传统的科学家和管理部门提出问题、回答问题的简单逻辑。

当更多重要的利益相关者，甚至是公众参与探索性预测时，这里有一个假设，就是预测者和期望研究对象之间的相关关系可以更加丰富，通过促进各种观点碰撞、扩大参与范围期待产生更有价值的结果。从《第六框架计划》（The Sixth Framework Programme）开始，欧盟科技创新系统被要求走向更多的民主治理程序，以"公众涉入与参与"（Public Involvement and Participation）角度来审查国家科技政策中的创新所带来的风险问题（Gonçalves，2005），在《第七框架计划》中，执行了一项名为"科技创新公民愿景"（Citizen Visions on Science, Technology and Innovation, CIVISTI）的计划，尝试结合技术预测与公众参与，通过适当的方法设计，将欧盟境内不同国家的公民所抱有的社会愿景与对未来的期许整合成项目研究议题，过程中涉及的公众参与决策的民主程序也延续性地受到了重视。在全球科技竞争中被各国所重视的创新与研发政策，无法再以便宜行事、利益与效率取向的发展逻辑来推动，而无视科技所带来的生态、健康、社会、伦理上重大的风险冲击。预测作为制定科技决策所需的一项知识基础，其所揭示的未来愿景或科技发展优先选项必须能反映社会变迁的复杂性，并将无法事前完全预知的课题纳入考量。换个角度而言，在推动新兴科技发展的同时，风险与这些科技的发展"共生演化"，衍生出不同程度的社会、伦理及科学等方面的不确定性问题（Gibbons，1994）。因此，技术预测必须能体现民主性，如此所产生的政策主张方能更具备社会的合宜性，同时也更能反映出政治经济社会的复杂多元特征。

三、预测的功能

从国家层面来看，政府开展的技术预测属于公共产品，开展技术预测是政府的责任。在日本、英国、德国和美国等发达国家，技术预测已成为政府科技管理部门的一项重要职能，通过定期开展技术预测，将研究结果向科技主管部门报告，并作为公共产品向全社会发布。当前，我国经济处于转型期，未来将持之以恒地贯彻新发展理念和高质量发展要求，加快推进科技创新及治理体系和治理能力现代化，这也意味着，政府职能将进一步转变，更加注重宏观管理和提供社会公共产品。因此，开展技术预测工作应是我国科技综合管理部门的责任，成为政府科技管理部门的一项常规工作。

加强科技发展战略研究，主动为中央决策服务，是新时期科技管理部门的一项重要职能。然而在决策过程中往往存在信息不对称问题。一方面，科技宏观战略研究需要综合考虑科技、经济和社会发展的多种因素，需要研究国内外科技发展的趋势和环境，需要了解科技界对未来科技发展的看法，需要社会各界就未来经济和社会需求及可能的技术方向达成一致，以便最大可能地获取科技发展的决策信息。另一方面，国家科技发展战略目标的实现需要科技界和企业界乃至整个社会的共同努力，因而科技界、企业界以及社会各界需要了解国家科技发展的宏观战略目标及未来优先发展和支持的重点技术领域。从目前的情况来看，这两个方面的信息交流和沟通都有待进一步加强，科技战略决策缺少相应的基础信息，科技界、企业界以及社会各界对未来科技发展方向缺少全面了解的局面亟待改进。

技术预测以人们的创造性思维为基础，依靠专家的远见卓识，通过信息交流和反馈、集思广益和综合平衡，对未来可能的技术发展趋势、潜在机会和挑战以及适合本国情况的技术方向取得基本一致认识，形成"战略性智力"，为科技发展战略决策提供重要支撑，在形成能够体现国家意志战略重点的同时，通过技术预测引导全社会的广泛合作，引导社会资源在有利于国家宏观科技战略目标实现的领域进行配置。技术预测不仅可以探索未来、评估新兴技术，而且提供了一种创新思考与知识交流平台，可促进创新成果之间的互动，建立合作与协调机制，并培养、活化创新能力，引导创新并朝社会、经济需求的方向发展。技术预测不局限于技术的预测，而且具有跨领域应用的预测功能，可刺激创新活动的基础改革及体制改革。因预测内容包含产品、技术及市场，可提供技术路线图基本信息作为全球产业价值链分工与布局蓝图。许多科技决策与战略行动决定可以通过广泛的社会审议过程，得到多样的知识作为决策支撑，保障决策的科学性、正当性。基于以上特色，许多国家纷纷将预测灵活运用于国家科技政策的制定过程。

现代技术预测逐步成为一种技术、经济环境和社会发展所需的各种要素知识的综合体，其基本特征是采用科学、规范的调查研究方法，全面、准确地收集不同领域专家与社会公众对于技术发展的认识、观点，经过研究分析，对未来的技术发展方向做出判断。技术预测已经超出了技术专家的经验范畴，专业、持续和规范的技术预测研究已经成为未来发展的前导和基础。

第二节　进入系统化预测时代

技术预测经历了几次理论与实践上的变迁、演化，内涵与外延也在不断变化。20 世纪 70 年代，主要考虑技术为内在推力的第一代预测在这之后，经历了"技术和市场结合""从技术、社会、经济发展互动关系以及满足社会发展需求""广义创新系统"等技术预测代际划分，在学术界基本上达成了共识。

一、新一代技术预测

随着时代演进，许多学者与研究机构对预测的范畴曾提出不同看法，试图将其精神内涵定义清楚。英国学者 Jone Irvine 与 Ben R. Martin 在 1984 年

出版的 *Foresight in science：Picking the winner* 一书中，首次正式以"预测"（Foresight）一词来描述一种可以长期对未来作有效预测的系统性、科学化方法。后续有许多专家学者对预测的定义提出了许多不同的见解。未来学研究者 F. Coates（2004）认为，预测是一个过程，使参与者可以全面了解其对于塑造未来的力量，并将其作为政策的形成、规划与决策制定的重要参考。Slaughter（1997）针对预测的原理提出了自己的看法，他认为预测是让众人可以评估正反意见，并衡量不同行动所导致的结果，可以从不同层面利用此结果来支撑决策，进而投资可能的未来。换句话说，预测是对未来采取开放的态度，以发展未来各种可能的见解，并做出决策。这可以从英文的表述可见一斑，与技术预测类似的表述有"Technology Forecasting""Technology Prospective""Future Technology Analysis""Technology Foresight"等。国内不少学者以"技术预见"作为新一代技术预测的代名词（穆荣平、王瑞祥，2004；万劲波，2006），中国台湾地区则称之为"技术前瞻"（柯承恩等，2011），而在日本，日语则延续使用"科学技術予測"的表述（NISTEP，2019）。虽然中文（或日文）对新一代技术预测采用了不同的表述，但就其意思来说，对应的都是英文"Technology Foresight"概念所表示的内涵与外延。因此，《"十三五"国家科技创新规划》提出建立技术预测长效机制、2017 年中央全面深化改革领导小组第三十二次会议强调健全国家科技预测机制，均是在对新一代技术预测的理解基础上提出的，是适应新形势、审时度势的机制设计考量。

虽然大家对技术预测的理解有所不同，但英国萨塞克斯大学 SPRU 研究所的 Martin 教授 1995 年对技术预测所下的定义获得了各国学者的认同。他认为，技术预测（Technology Foresight）是对未来较长时期的科学、技术、经济和社会发展进行的系统研究，其目标是确定具有战略性的研究领域，以及选择对经济和社会利益具有最大贡献的技术群。综合以上观点可以发现，预测对于未来的情景抱着开放的态度，并强调决策与行动的重要性；如果是国家层级的预测行为，则可以通过科技政策的制定以及预算的分配，支撑实现未来的愿景构想。

关于传统预测（Forecasting）与新一代预测（Foresight）的差异，专家也提出了许多见解。一般而言，传统预测通常是基于过去的证据所发展出来的推测，而新一代预测较偏重于参与者彼此的互动与对未来的展望，通过行动可以塑造未来甚至创造未来。Cuhls（2003）表示，新一代预测对于未来的展望不是单一的未来，因此可以有较开阔的范围。Coates（2004）则补充说明，相较于传统预测偏向对未来的定量描述，新一代预测则着重于未来的定性描述。此外，Slaughter（1997）也强调在事件未发生之前的预测能力。换句话说，参与者预测在未来某一时点将发生的事件，因此，时间轴对于预测来说是相当重要的，一般而言，预测研究的时间周期多设定在 10~30 年。基本上，由于预测是对未来的展望，因此与未来学、传统预测在意义上都有重叠之处，都代表着对未来目标的系统化导向的一种研究过程。新一代预测加入了战略思考元素，包含对未来的敏锐洞察力与创造力，其产出效益是对社会的整体性展望，并不是一个非常精确、清晰的愿景，而是努力开发及拓展所有可能的选项，为制定战略提供支撑（Voros，2003）。

Horton（1999）进一步扩充了预测的意义，认为预测除了包含对未来预测的结果以外，也包括对未来的发展路径发表一些见解的过程，其理念是"如果对于这一切能了解更深入，那么便可以通过今日的选择来创造更好的未来"。Horton（1999）提出了一个包含三阶段的预测模型，其中每一阶段都较前一阶段创造更高的价值，当然，也会增加更多的困难。第一阶段包含对可获得的信息的收集、整理、分析，使信息尽量完整且去伪存真，并加工成为可用的知识形式，同时导出预测知识作为产物。第二阶段包含对知识的转译与诠释，以发展出对这些知识的未来意义的理解，并进而思考目前可以做些什么。第三阶段则包含吸收与认同，为使预测结果可被充分吸收了解，产出计划不应只有书面报告，还应包含研讨会、发布会等形式。通过三个阶段的依序流程，一个成功的预测活动将引导出更科学的决策与行动。Popper（2009）为预测范围做出更进一步的扩充，认为预测不应该只是专家所做出来的预测，还应该吸收更广泛的利益相关者，为未来长周期的发展设立一连串目标或愿景。

综合诸位学者对预测的阐释，可以发现预测研究已趋向面向社会整体与国家创新系统的方向发展，而且预测研究活动必须是公正、公开且基于事实来发展才能提高其效益，预测特征可归纳为以下六点：

第一，传统预测关注未来导向的活动事实，新一代预测研究是假设未来无法预先决定，但能在不同的方向推动其逐步形成，该过程依赖现今形形色色参与者的作为与决定。换句话说，在某种程度上，可以积极塑造未来，并且有一定的自由度去选择另一种可能的未来。

第二，多元参与。预测研究隐含参与者主体的大多数观点、利益与知识，并将这些观点、利益与知识带入审议、分析与合成（综合）的过程，所以预测研究并不是针对小范围的专家或研究团体，而是包含更多不同的利益相关者，而且预测研究的结果通常对许多不同的参与者主体有一定程度的意义与影响，因此，在预测研究过程中尽可能地包含所有的参与者主体是非常重要的。

第三，以证据为基础。未来是无法确知的，依靠的是对信息的研判、解释与说明来规划未来。信息的"量"和"质"是关键，仅依赖专家很少能提供足够的判断，需从趋势分析与预测、文献计量法、统计与其他方法来弥补专家分析的不足。

第四，领域交叉。目前所面临的许多问题是无法以单一观点去了解或以单一领域去解决的，因此，技术预测研究跨越传统研究认知的边界，将不同领域一起放进研究的过程，以加深对问题的了解并增进新的互动关系。

第五，沟通与协调。预测研究动员利益相关者的人力与资源的跨领域合作研究，并对可能的未来进行讨论，依靠各种数据与意见的反馈，促进不同的参与者主体针对优先议题达成共识。

第六，行动导向。预测研究不应仅仅是分析或是推测未来的发展，更应达到塑造未来的目的，因此，预测成果不仅应支撑决策制定，更应向社会扩散，引导管理部门和社会付诸行动，呈现预测研究的效益。

二、系统性预测

当前，世界变化越来越快也越来越复杂，传统一个简单的、面向过程的预测活动已难以得到满足，尤其是在以创新系统为背景的情况下，如何更好地利用未来知识，从控制变革到影响并意识到所做选择的价值，是更加需要关注的问题。

2000 年以后，各国对于技术预测作为科技决策系统的重要组成部分，已逐渐形成共识。面对全球化且充满竞争的国际环境，预测行为逐渐扩散至企业、协会、行业部门，并且强调更多、更宽泛的参与者参与其中，同时，预测也开始与国家创新系统相结合，作为创新系统的决策工具之一。

在创新体系层面，预测的目的在于共同创造出系统和未来其他可能性的整体观点，帮助利益相关方识别并达成共同行动的理想方向。特别是，科技发展及其体系变革一直是许多预测项目的重点（Georghiou & Keenan，2006；Martin & Johnston，1999）。与宏观层面关注的重点不同，创新体系层面更关注识别关键利益相关者及其参与情况。换句话说，预测过程更多的是共同创造和学习，而不是得出关于未来的专家意见。与其他方法相比，对其他可能性的长期关注和探索是预测的重要着力点。

从国家和区域层面来看，预测的主要目标之一是为政策提供信息，确保创新体系的竞争力和绩效（Georghiou & Keenan，2006；Johnston，2012；Miles，2012）。预测不仅用于客观地给政策提供信息，还用于支持政策制定（Da Costa et al.，2008）和对政策产生影响（Johnston，2012）。通过预测形成的关于未来的知识会用于塑造创新体系的发展，预测要克服"区域战略制定中的黑洞"（Uotila et al.，2005），或制定摆脱"风险社会"负面后果的战略（Amanatidou & Guy，2008）。因此，预测可以创造重新配置创新体系的能力：识别遗漏或忽视的行为者，改变游戏规则制度以及影响行为人之间互动、联系的性质和频率。

站在政府的立场来看，预测活动的开展有利于政策的推动落实（Miles，2012），有助于解决市场和系统失灵问题，克服结构僵化和短视痼疾（Salmenkaita & Salo，2002）。预测除了作为政策工具或支持其他政策的手段之外，还通过提高认识（Johnston，2012）和提供社会沟通渠道（Georghiou & Keenan，2006）来对政策产生更微妙的影响。

在这样一个复杂的系统中，没有一个角色可以独立地控制系统或能够让系统做彻底的改变，预测本身也是一个由多重流程组成的系统，包括组成元素（Dufva & Ahlqvist，2015）、结构及其功能（Hekkert et al.，2007）。当然，还需要使用系统分析的方法，以帮助理解预测中的复杂背景和依赖关系。

三、方法的演进

新一代技术预测既然是由传统预测演变而来，其操作工具与方法自然脱离不了技术预测的传统方法，但因为整体社会运作并不完全按照自然法则进行，科技的发展也未必遵循线性发展的模式，越来越多的预测活动综合使用多种方法，使考虑的视角更为全面。预测的精神内核在于参与与沟通，以达到理性的共识效果。在这种情况下，定量的预测方法，如趋势外推法，经常被证明是不可靠的。未来研究关注的对象和过程是动态的，而且处于高度的不确定状态，很难获得创新的预见。更难预测的是新兴技术的发展应用，类似消费者该如何适应这些预测的应用以满足他们的特定需求，以及将其融入到日常生活及社会活动当中。如果仅依赖专业知识，往往不能提供这些问题的全部答案。因此，除了核心专家以外，从一般专家、非专家或利益相关者的角度去充实预测的过程是必要的。

即使这样，方法的使用还与各国政治、经济、文化发展情况有关，西方国家，如欧洲和北美洲的国家，公众讨论、公开辩论的传统由来已久，倾向使用专家面对面交流意见的形式，如专家会议法、情景分析法等；东方文化国家，如中国、日本、韩国等，公开讨论的风气并不盛行，匿名的德尔菲专家调查方法反而更受青睐。此外，相对于专家研讨会，德尔菲专家调查方法的产出结果较系统且更利于分析和评估，因而对于看重经济社会需求整合、追求高质量发展的追赶型国家来说，适用性更高。

第三节　专家参与的争议

技术预测必须依赖专家，是因为专家对技术的内部运行以及技术旨在解决的实际问题领域具有深刻认识。整个预测过程的所有阶段都需要专家的介入，完全依靠定量方法而没有专家的支持来形成新技术的预测是不可想象的。每个环节，如对问题的描述，构建评估模型，识别和搜索数据，选择适当的方法进行预测、评估不确定性，确定预期成果形式等，都离不开专家，但也都有潜在的错误和偏差机会影响各个环节对未来预期的质量（Bolger &

Harvey，1998）。过去几十年，预测方法论不断发展，目的就是减少失真。即便如此，一些最常用的方法不足以解决甚至不能缓解实际问题，仍需要进一步往背后去寻找、解释为什么专家偏差如此普遍并长期存在，以及为什么总是伴随在结构化的技术预测过程中。

一、专家偏差的内生性

技术预测不可避免地存在这些偏差，但在多大程度上影响专家的有效判断并没有确切的答案，需要引起人们更多关注。认知偏差最初是针对个体在决策和判断等认知任务中的表现而发现和发展的。在这种情况下，偏差这一概念具有精确而可衡量的含义：它代表了个体在实验环境中的实际表现与个体遵循理性选择和概率推理规则所期望的表现之间的差距。该框架可以自然地扩展到预测之类的认知任务。预测是在"未知"情况下进行估计的，这种对未来的预测是无法根据规范、正确的值来评估的，因为在这些任务中，我们对未来没有正确的认识。总的来说，传统预测适用于具有重复性表征的问题，如天气、价格波动、证券交易指数、外汇或金融资产等。因此，在预测中有很大的机会检查个体预测是否接近已实现的结果，以及个体是否从具有已实现值的经验中学习来提高准确度。预测领域与最初建立范式的决策和判断领域之间存在逻辑上的相似性，因为在这两个领域中都可以根据客观或规范得出的值对个体的认知表现进行基准测试。这可以解释为什么预测的文献相对较快地接受启发式和偏差范式，并且从 20 世纪 80 年代开始就广泛研究专家偏差的问题。20 世纪 90 年代，新一代技术预测强调对未来的展望，旨在确定"可能产生最大的经济和社会效益的战略研究和新兴通用技术领域"，构建了对世界未来状态的综合反映，包含了驱动因素，遵循了过程和事件发展的因果链，扩大了替代性潜在结果的视野，动员了分布式的专家智慧。如今，解决专家偏差已成为预测教科书中的标准章节，错误和偏差有极大的可能性对每个阶段未来预测的质量产生影响。

二、专家意见的偏差原因

面向未来不确定性很强的技术预测任务，很难用正确值进行比较，因而对缓解预测过程中的专家偏差，提升专家参与的效益等问题的研究就很有必要。担心专家偏差的原因在面向未来和预测的研究中比在传统预测的研究中更值得关注。

第一个原因是在技术预测中与专家表现有关的信任危机。从新一代预测的特征来看，建立开放的和可替代的情景很重要，应认真考虑技术的所有潜在缺点和局限性，不仅包括技术研发，还包括新技术的整体性能、接受性、采用性和扩散性。目前，科技决策的运行结构囿于专家系统作为现代制度的中枢。一般来说，专家之所以称为专家，是因为在自己的领域具有深厚的知识积累，拥有指导、引导人类社会行动的能力，因此，科学权力的代议者都由专家来扮演，专家的论述与知识的光环形成垄断地位。这种"专业独裁"夹着科学知识的神秘性与复杂性，强调工具理性思维，就很难与社会理性沟通，往往不愿面对科学不确定性的风险结果。Foucault（1980）指出，专家为维护其"权威"立场，通常要使出一定的"排除"（Exclusion）手段，如拒绝非其族群、团体论述的资格，降低或贬抑其论述的位置和发言的内容。权威或有影响的专家可能左右小组讨论，由于他们的威望或固执地坚持自己意见的性格，或者由于说服力强，很可能会使最终形成的结论只代表权威或有影响的专家的意见。

技术预测的关键步骤是对未来的技术发展趋势进行预测，就关键技术选择、预期性能、预期成本以及对潜在破坏性影响进行预测。这是一个专家高度密集的环节，专家可能会做出有偏差的判断。专家致力于技术动态，相信在理想的维度上能取得进步，并坚信未来的发展将继续下去。由于人们期望技术可以为未解决的问题提供解决方案，因此专家可能会高估未来期望发展的可能性（发现、发明、技术改进），这称为"期望偏差"。Echen 等（2011）研究表明，在技术预测领域，期望偏差是普遍性的。当专家针对存在较大不确定性，且对未来较长一段时间情形作出情感反应时，期望偏差会更大。未来的不确定性以及较长时间的愿景是技术预测中通常存在的条件。面对资源竞争下对产品技术前景的估计，专家可能会夸大成功的可能性，以便积极支持某些技术。需要强调的是，这种偏差不一定反映出缺乏专业精神或幕后动机，这可能是由于对某些选择优势的真正信念所致，并得到了学术研究和（或）工业应用的支持。在实践中，专家本身经常参与学术界或行业的技术开发，学术研究人员很难承认他正在研究不受欢迎的技术。在研发促进业务发展的技术时，公司的研发人员也难免产生一些动机，因此，这是一种微妙的效应，即使专家以专业和道德的方式行事，这种效应也会嵌入专家的推理过程中。一个重要的考虑因素是，专家可能将他们对未来的看法带入对未来期望的叙述过程（Sturken & Thomas，2004）。多项研究表明，人们系统地高估了在给定时间段内可以实现的目标，或者低估了达到给定结果所需的时间（Kahneman & Tversky，1979；Sharot et al.，2011）。人们根据现在到未来的发展来建立情景，并以此为中心来关注乐观情景（Newby - Clark et al.，2000）。在技术预测过程中，还有不少议题涉及技术发展的目标，通常由预测活动组织部门（国际组织、政府、机构）推动，或者和执行机构共同设计，组织专家先进行需求分析，明确未来技术发展所要解决的重大问题。由于预测活动是一项复杂而具有挑战性的工作，因此最初的设定可能会对随后的过程产生重大影响。就是说，预测活动可能会受到框架影响而产生扭曲。在这种情况下，认知任务会受到其初始描述的深刻影响，因此，不同的任务描述会产生不同的认知结果。在现实中，面向未来二十年的发展方向进行判断，成果反馈如此之遥，无法使专家对其预测负责，这就需要预测组织部门发展一些新的方法和组织流程来规避这类风险的产生。

第二个原因是方法论。预测研究未来技术发展的因果关系或解释能力，事实陈述起核心作用。寻求解释能力是吸引技术预测专家的一个重要原因。如果没有因果关系的内容，变量之间的因果关系没有得到解释，面向未来所表现的信任就会崩塌。这也是为什么越来越多的预测行为吸纳一些专家互动程度更高的方法来解释其中的因果关系。因果联系的未来预测可能会受到不确定性或未知事实的影响，并不意味着对这些联系的认识是无用的。注意要区别的是，预测和解释是不同的事情：无法预测并不意味着无法解释。尽管专家凭借在其专业或科学领域的专业技能在因果陈述中控制正确性，但当他们对未来进行推理并在其专业以外的模型上预测时，可能会产生扭曲。如Burgman（2016）认为，专家们的自我评估很差，或者无法精确定义其展现专业知识的能力时，专家会倾向于将因果关系陈述的有效性扩展到其他领域。因此，他们的陈述有因果结构，这种因果结构使其在自身专业领域拥有权威，但其陈述不能以与权威知识相同的方式进行控制。

从方法论的角度来看，认知偏差问题不仅与传统预测相关，而且与面向未来的研究和技术预测息息相关。它与预测中发生的规范性或客观性基准无关，而与正确的因果陈述有关。总而言之，尽管面向未来的研究和技术预测并不以定量预测为焦点，但它们仍致力于利用有效的因果关系陈述。

目前看来，没有办法根据客观测量的基准来衡量专家判断的准确性。实际上，早在认知心理学和社会心理学的文献中就已经确定并研究了认知偏差的来源，以及其持续性和潜在的负面影响，德尔菲法最初就是为了纠正专家的主观偏差而开发的。

综上所述，一些偏差可能会影响技术预测研究的一个或多个问题设计，这种影响程度在研究文献中尚未得到识别。参与技术预测的专家很可能会受到客户或发起者组织架构和工作方式的影响，其判断没有根据所提供的锚定点或其他证据得到充分调整，在技术性能、用户态度、技术的接受和采用方面都过于乐观，并且低估了遵循技术路线图所需的时间和所涉及的成本。所有这些效应将独立于所涉人员的专业知识、专业参与和道德诚信而产生影响。

第四节　专家意见的评估

科学与知识的应用发展在现代社会成为新的社会变迁指标基石，如工业革命、后工业社会、信息化社会等，都镶嵌在社会发展的脉络中，他们一方面来自社会需求，另一方面演变为当代社会发展与变革的重要驱动力。从科学应用与研究的角度来说，科学知识的高度复杂化与专精化，也因为不同专业训练的理性或内涵所蕴含的相异立场或利益，而经常导致紧张或冲突。这种科学专业的争议并非能相当清楚地在社会大众间说明白，或者通过实验室的论证厘清疑点。专家作为运用专业知识去影响决策的特殊政策参与者，在技术预测过程中，他们的行动逻辑和策略选择与其他参与者是不同的。Fye等（2013）学者从975篇文献中研究了技术预测的准确性，在这些文献中，有811个原则上可根据已实现的结果进行评估，但对于其中501个，无法验证预测。一些文献作者认为，鉴于"所有技术预测中大约有80%证明预测是错误的"（Golden et al.，1994），没有必要寻求准确性。这也就是为什么关于预测研究的质量标准及认知基础有很多的辩论，关于技术预测中的参与专家发表意见所体现的认知偏差的存在和重要性已经有了不少的研究。正因为如此，专家在技术预测过程中的行动逻辑及其响应机理就是一个非常值得关注的课题。但遗憾的是，关于专家在技术预测研究中的参与机制及其响应行为的系统研究还不多见，尤其是在中国情境下的预测，一系列问题还有待问答。

首先，共识的形成是预测活动的重要目标之一。预测是展望未来，为选择较美好的未来所做的系统性观察。新一代预测与传统预测不同的是，预测假设未来的情景并不一定只有一个，而可有多种选择，但是只有一个会发生，主要受我们现在选择采取什么行动的影响。科技政策的目标之一，就是要选择我们想要的未来，投入所需的资源并努力让它实现。国家技术预测成果能得到有效的部署和利用，有赖于国家科技政策及财政预算的支持，不同参与者在预测过程中的互动并形成共识，可以降低政策执行过程中来自不同参与者的阻力影响。对于共识形成的程度，已经有很多文献提出了实际的测度观点与方法。对如何选择合适的方法来评价预测的共识形成程度，以及不同技术领域、不同来源专家的共识程度有何差异，并没有清晰的认识。

其次，成功的德尔菲预测调查的一个关键点是让一些小组成员通过考虑同行的意见来修正自己的观点，并进而达成意见收敛。德尔菲法在为关键技术选择提供重要参考信息的同时，也为审视参与调查专家的反应行为提供了非常好的研究素材。反应行为可以从两个不同的视角进行评估：一个是找出不同观点的组成结构，借助调查表所列的问题来分析不同小组成员的倾向性表现；另一个是研究响应行为，找出谁倾向于积极评价、谁坚持自己的意见、谁愿意根据调查过程调整自己的意见，以及可能对自身评价带来的影响。第二个视角在很大程度上仍未得到充分的研究，相关的研究主要探讨小组成员意见改变的影响机制。在参与专家如此复杂的行为模式当中，我们能否判断参与预测研究调查的响应程度并找出其内在的联系，以勾勒出中国技术预测专家在参与预测调查过程中的行为模式？

以往的研究工作还很难回答上述问题，这是因为这些研究所关注的只是专家个人和他们所在研究机构的个体差异，观察到的也主要是专家意见的静态表现。专家都是各个领域推荐的，熟谙各领域的技术发展特性，专家的背景特征各不相同，所拥有的资源和能力优势也各有差异，对于未来技术发展趋势的判断会表现出不同的参与逻辑和响应行为。技术预测德尔菲专家调查的匿名、受控反馈等特性，使对于专家的意见收敛，以及问卷调查响应行为有了动态的理解，更能反映出参与专家的心理动机，客观地评价专家的响应行为。讨论预测调查专家的行为逻辑，正是本书的研究目的。

第二章 技术预测系统设计

对科学和技术进行战略规划，是将技术的系统以及不同的领域和它们广泛的社会影响结合在一起，要求计划者同时具备广阔的信息基础及长远的考虑：一方面，要对投入进行评估以保证技术发展目标的实现；另一方面，要评估技术的产出及其社会影响，以便能够尽可能地判断在一定的预测时期，这种必须的投入确实是理所当然的。所以，规划的制定者更要知道为什么某些目标应该如此设置。此外，主观的判断和评价也应发挥作用，特别是在缺乏资源又必须做出长期决策的情况下更是如此。预测活动是一个反复进行互动、网络建立、协商和讨论的过程，并借此过程，让参与者对未来愿景及策略不断地进行修正和调整，最终得到共识。存在许多不同的可供选择的路径以达到一个共同的愿景，因此，在技术预测中必须强化各创新主体之间的网络、互动与交流，通过系统性的、多元性的科技战略与政策，形成具有前瞻性与创意思考的战略规划，促进形成高效、公平的资源分配机制，建立具有公信力与客观信息基础的科技决策机制。

第一节　系统性预测的考虑

一、技术预测与国家创新体系

创新系统涵盖四个部分：教育研发系统、产业系统、政治系统（包括行政及中介机关）以及上述机构中行动者的正式与非正式网络。从技术发展的路径依赖观点来看，教育研发系统、产业系统、政治系统三者分别担负三项功能，即原创性生产、财富创造及规范性管控（Mayer et al.，2014；Viale & Etzkowitz，2010），三者之间的互动决定了技术的发展路径和效率（Mayer et al.，2014）。技术预测作为协商中介，在多层级、多主体行动者领域及相关行动者网络中形成连接，产生战略性情报供决策参考。我国的技术预测，尤其是近几次国家技术预测，在国家创新系统内部促进了知识创新、知识传播和知识应用，加强了系统内参与者之间的互动，增强了政府研究机构、企业和高校之间的沟通能力。合理的专家组织结构可以增强参与者互动和沟通的效果，如领域研究组，由产业部门专家、高校专家以及科研院所专家各占1/3 组成。实际参与技术预测调查的专家比例也是大致如此，第五次国家技术预测工作中两轮德尔菲调查参与专家来自产业部门的比例均在 30% 左右。据不完全统计，第五次国家技术预测，信息、生物、新材料等领域共组织技术清单提炼、技术领域愿景、关键技术选择等研讨会 750 次，在参与者之间建立起了广泛的联系和协作。各部门专家的互动使不同利益主张的参与者可以进行有效沟通，这是计划管理手段不可比拟的。大规模的产、学、研和政府相结合的技术预测活动可以给管理机构、研究机构和企业中的人员带来积极的影响，从而形成技术创新网络。一方面，有利于研发机构的研究开发人员向市场需求靠拢；另一方面，企业的研发人员可以积极参与到与自身有关的研究开发活动当中，有效地促进以企业为主体的技术创新体系的建立。通过上述的"沟通"和"互动"，可大大提高创新系统在学习和创新过程中的效率。

同时，技术预测也是整个国家科技管理工作的重要系统工具。技术预测与政府的科技管理工作密切相关，尤其是在科技规划和计划的制定中发挥着十分重要的作用。在科技和经济紧密结合、技术优势日益成为竞争焦点的今天，科技管理工作强调合理配置资源、突出研发重点、提高创新效率。在制定规划和计划时，要求综合考量未来技术的发展趋势、社会经济发展对科技的需求、本国或地区科技发展的实力和水平等，这一切都需要以技术预测为依据。

二、系统化设计工作流程

对于技术预测的过程，Miles（2002）提出了五个互补的阶段：技术预测先期规划（Pre-foresight）、补充（Recruitment）、产出（Generation）、行动（Action）和更新（Renewal）。这是一种基于业务流程的阶段分类，技术预测的开展也需要经历规划和设计阶段，这是整个预测工作流程的起点，由具体承担单位和任务下达部门界定技术预测活动的背景、原因与未来目标，组建技术预测研究团队，制定技术预测工作实施方案。

在目标确认之后，需开始组建研究团队，设计技术预测工作组织架构，同时建立整个技术预测方法体系，确立建立未来工作与重要阶段之间的逻辑结构。通常工作实施方案是由预测工作承担部门和任务下达部门进行协商议定，不同技术领域部门根据总的实施方案，结合领域特点，确立领域工作的实施方案。

从方法架构来说，方法的选择主要受到可用资源的影响，包括预算、可取得的专门技术或知识、政策的支持、软硬件设施和时间等。例如，如果时间紧张，可能就不适合采用大规模调查的德尔菲法来进行。预测执行过程中，人力资源（熟练的和有才能的研究人员）是关键，这些人并不一定是预测专家，但通常需要接受培训，一方面是为了建立本身的能力，另一方面也是对整个技术预测工作形成工作流程与方法上的共识。当然，现代信息社会一些具体的技术支撑也是需要的，如在线组织调查、远程会议等。

就国家技术预测活动来说，首先要对国家技术水平做"摸底"分析以及对未来经济社会发展的技术进行需求分析，在此基础上，遴选领域关键技术清单；其次要对遴选的关键技术清单进行技术经济分析，重点阐释能够反映关键技术的核心指标以及预期目标；再次要开展大规模德尔菲调查，充分吸收、收敛不同部门专家的意见，形成供领域组参考的领域关键技术清单；然后根据调查结果，组织领域关键技术选择会议和国家关键技术选择会议，确定未来影响我国经济社会发展的重点关键技术；最后设计关键技术发展的路径，构建关键技术路线图，对这些关键技术的发展状况和未来发展趋势进行跟踪和评价，把握技术的发展态势。在整个过程中需建立技术发展动态监测体系，一方面对整个技术预测流程进行有效监测，根据顶层设计方案，保证整个流程的程序合理、方法规范；另一方面对每年这些关键技术的发展趋势以及新出现的新兴技术，包括颠覆性技术在内的技术动态进行跟踪，及时做出关键技术发展态势的研判。

在不同的技术预测阶段，每个研究方法根据其贡献程度与整体效果的评估，将被选择性地纳入。当然，没有一种研究方法的架构是最适合的，平均而言，预测活动都会包含5~6个研究方法（Popper & Miles，2005）。不同预测研究方法的组合可以产生大量有价值的信息，可提供不同的利益相关者满足多样化的目标。一个完整的预测活动方法体系，应该至少包含专家、互动、创造力与证据四种特性的知识来源。问卷调查方法是一种社会研究的基本工具，被广泛应用于预测活动中。调查的高参与率通常需要具有吸引力和对调查内容有清楚的设计。许多调查如德尔菲法，是封闭式的，需要参与调查的专家去回应调查内容。通过调查也能获得质性回应，如要求受访专家提出关键技术或经济社会发展驱动因素的建议等。德尔菲法还可以减少专家导向活动的比例，强化协调与互动等。

从本质上讲，预测活动的功能除了取得多数人的共识外，还在于增进不同意见之间的沟通，让参与者有机会聆听不同的看法。让持有不同意见的参与者有充分的机会表达其意见，并让其他人能了解其背后所秉持的理由，有助于减少决策过程的冲突与对立。而要纳入不同意见的前提在于利益相关者的纳入，让多数的利益相关者能参与到预测的过程之中。这与早期的预测活动不同，早期的预测活动是技术专家用系统的方法探索未来的趋势，但不同利益相关者的参与，不可避免地带来了个人偏好以及信息不确定性、多样性、模糊性等诸多因素的影响。取得问题的共识是技术预测的重要目标之一，德尔菲法作为征求专家集体意见的一种手段应运而生，也成为国际上开展技术预测活动的主流方法之一。

第二节 预测系统的要点

近年来，技术预测成为美国、日本、英国、德国等发达国家描绘未来发展蓝图的政策工具，也吸引着越来越多的发展中国家加入，这一工具的本质是通过专家调查过程形成共识性意见，确立共同追求的目标，来预测及勾勒未来的情景及需求。最终，通过开展技术预测活动，掌握科技发展脉络，引导科技政策与战略的形成，构建高效运行的创新体系与有利于创新的环境，使经济与社会效益最大化。

一、明确技术预测目标

大多数预测活动都会设置一系列目标，一般来说，预测活动的重点和方法通常取决于所面临的挑战。目标说明必须明确，并且认识上保持一致，但要避免过于具体。这就需要与主要参与方进行协商，向相关部门征求意见，让各个参与方在目标上取得共识，以取得大家的广泛支持。一旦确定了目标，那么接下来的是，考虑参与预测活动的管理部门或组织部门在多大程度上能影响目标实现。

有些问题最好由企业、院所机构来处理，但这并不妨碍科技管理部门领导推动活动进程。比如，举办培训会，帮助企业、技术领域研究组等就可能采取的行动达成共识，也可以以会议、论坛的形式在全国或全球范围内进行宣传，形成影响力，关键在于如何采取适当的观点，并将预测渗透到各个层面。如果要使连接关键用户的机会最大化，利益相关者必须尽早加入，并跟进预测活动的各个过程。另外，不要给参与者太多承诺，因为预测充满不确定性，也会面临预测成效有限的风险，无法满足各参与部门的期望。

二、需要关注的领域

Johnston（2001）指出，缺乏聚焦是预测活动中最大的风险之一，说明选取适当的预测范畴是重要的。Kuwahara（2005）研究发现，日本未能准确预测出纳米及信息科技的崛起而无法有效因应欧美科技上的改变。可见领域的选择何其重要。

领域选择的范围与国家的经济规模或科技资源并无直接关联性，而是与决策者所想达到的目标以及专家的共识程度有关。在参与成员方面，由传统少数专家参与预测活动，到逐步增大参与者的范围，涵盖了不同的利益相关者、公众、一般社会精英、非政府组织等。因此，领域选择的目标与评估标准也迈向多元化。在方法论上，领域选择评估的方法逐渐改变，开始通过地平线扫描、人工智能、大数据，以及专家会议形式综合考量。当然，关键领域参与者不仅要重视主题的确定，而且也要考虑在活动后期增加投入的可能性。尽管如此，如果要解决的主题（或部门所需的资源和时间）超过了范围，那么就需要在确定的领域与成本方面做出平衡。

三、选择合适的时间范围

预测活动主要关注延长规划活动的时间范围。这不仅是"延伸"现有范围的问题，重要的是将熟知的规划和信息收集工作持续到更长远的未来。在实践中，技术预测活动的时间范围将有很大差异，因为在不同问题、不同文化中，对"长期"的定义不同。一般来说，短期预测（5 年左右）可以与国家的科技计划周期相对应，主要是从当前的实际情况出发，对未来技术发展趋势做判断，可以直接为规划及产业界和社会公众服务。中期预测（10～15年）对科技计划和技术优先领域的选择更加重要，这是因为 10～15 年与一项新的领域从开拓到取得成果所需要的时间相对应，也是新领域延伸和成长的周期。通过中期预测，可以有效地跟踪科学技术发展的前沿，调整科技计划，合理规划重大科研项目的跟踪顺序和期限。

四、确定专家和利益相关者

利益相关者是指能够影响组织目标的实现过程，或者被组织目标实现过程所影响的群体或个人。参与问题是预测的关键问题之一，所以预测活动中参与者的确定是一个重要任务。预测活动通常要想方设法去吸引常规对象以外更广泛的利益相关群体，以利用其对某些主题、领域的背景知识，提供广泛的观点和意见来提高预测质量。如何参与取决于预测活动的范围，包括目的、方向、涵盖主题（领域）和目标受众。预测活动的成功在很大程度上与其吸引利益相关者的能力有关。

利益相关者的类别很多，相关政府部门、非政府组织（NGO）、行业、专业和公民团体等都可能成为预测活动的利益相关者。重要的是，不要过于严格，还需要不同层级（国家级的、地区的）、不同规模的组织。另外，要组建有经验的团队，而不是机械地重复管理部门的指令性活动。

可以通过搜索数据库、网络资源，或者寻求其他知情人士建议等方法找到适宜的利益相关者代表。具有代表性的方法是由学术界、专业组织和行业组织同行进行推荐，除此之外，非核心专家的参与也是必要的。如果考虑的范围很广，那么这种方式会吸引大量有兴趣的专家加入。确保女性专家（在此类活动中，性别往往严重失衡）、海外经历专家、不同区域专家的参与也很重要。查找专业知识的方法大体和定位利益相关者的方式一致。专家本身不应该是利益相关者（尽管他们经常是）。有时专家能接受与其合作的利益相关者的观点，但有时他们的专业知识仅从技术角度分析，相对狭隘。

五、提高认识和建立支持

随着信息通信技术的发展，可以使用不同的工具促进预测活动的宣传，并确定有兴趣的参与者。设立专门的网站是一种很好的选择，网络平台可以发挥很大的作用，如提供实时最新的动态信息，因此可以将后续的调查活动纳入网站设计中。举办技术预测研讨会或培训会很重要，可以在开展技术预测前将不同领域的专家组就预测工作形成统一的认识，吸收更多的参与主体进入预测活动中。学会、智库、行业协会、政府部门的沟通合作通常能有效地鼓励成员更积极地参与，提出更多的建议。

六、预测活动的组织与管理

任何预测活动的结构都需要仔细考虑，包括给工作组、顾问组、领导小组、总体研究组、领域研究组等的角色分配。分配给他们的任务都与计划进行的预测环节有关，比如，共同特征包括建立领域研究组和工作组，这是最开始的一步。很多活动还充分利用专注研究特定问题的"专家小组"或小组。因此，共同的组织要素包括以下五个方面：

（1）领导小组：由主管部门领导牵头，相关部门参加，组成领导小组，负责批准目标、重点、方法、工作计划，确认沟通战略和沟通工具，听取整体工作进展汇报，审定研究成果。

（2）总体研究组：由主管部门的具体执行组织，各个领域研究组组长、战略研究专家组成，负责总体设计，组织、协调各领域开展研究工作，编写技术预测调查工作方案，对领域研究组人员进行方法培训，建立和维护技术预测信息管理系统。

（3）领域研究组：由领域专家组成，研究制定本领域技术预测工作实施方案，开展领域科技发展现状和需求研究，组织开展领域技术预测调查和关键技术选择，完成领域技术预测报告和关键技术报告。

（4）顾问组：成立由相关战略专家组成的顾问组也是很有必要的，可以指导审查可交付成果，监测整个项目的进程，保证质量，也在提高认识、动员专家、提名领域组长等方面发挥重要作用。

（5）工作组：管理项目的日常工作。其任务包括：管理项目的每日进程；与领域研究组和总体研究组保持紧密联系，确保项目方向，做好项目成本、资源和时间的准确记录；发布工作简报，提交给领导小组和总体研究组。

通常是总体研究组、领域研究组或工作组组织开展专家工作。专家工作收集相关信息和知识；推动产生新的见解，提出未来的创意、战略；将预测过程和结果扩散到更广泛的地区并产生持续性的影响。

如前所述，无论目标的建立是基于过程的预测活动还是基于产品的预测活动，预测活动的主要特征之一是各方利益相关者从活动开始到活动的各个阶段的积极参与，这是区分成熟的预测活动和更狭隘的未来规划方式的核心要素，同时，这也是预测活动组织和管理中的一个重要决定性因素。参与者的参与是重要知识和观点的来源，应予以高度重视，这种参与不应该是偶然的、不定期的。预测活动要求参与者的广泛参与，从确定总体目标和具体目标，到规划要完成的活动和采取的方法，再到传播结果，参与必须被视为最终结果的决定性因素。

预测活动中使用的很多方法需要参与者的投入。换句话说，预测活动自然而然地提供了一些向利益相关者征询意见的机会。作为总体研究组还有一项很重要的职能，就是监测项目进程，保证项目遵循过程管理。监测包括持续观察，确保每个项目步骤的资源能得到有效利用，也会不断调整项目计划以适应环境。随着新知识不断获得，以及利益相关者的参与，整个预测的愿景或过程都可能面临调整。

第三节　专家的判断

预测者不可避免地要受到周围环境以及他们自己所积累的经验制约，因此，存在着把未来看作过去的延续这样一种自然的倾向。在很多情况下，特别是在短期内，这种倾向为预测者的预测提供了一个合适的基础，但过分强调由过去进行外推，可能导致把注意力只集中于现有的、有意义的技术和参数，从而容易忽视新的技术和正在形成的趋势。我们或许常常对过去预测的结论有这样的认识，就是似曾相识，换句话说，这些预测没有足够的想象力。理想的情况是，一项预测活动的出发点应当是引导人们从各个维度、各个方面设想并认识事物演变的力量和新技术出现的机会，从而使预测者可以用定性的语言说明他应当预测什么、怎么进行预测。因此，在系统化思维下设计技术预测流程的同时，应考虑开拓预测者的智慧。

在技术预测领域中，专家判断预测是一种常见且与分析方法平行发展的预测工具。所谓专家判断预测，是指由某一个人或某一个群体，根据若干事实，对未来的期望或对未来技术发展方向所做的预言（余序江等，2008）。

一、专家判断及其适用条件

为了更好地讨论什么是专家预测方法，首先应弄清楚什么样的人才可以被看成是专家或是具备专家的资格，这个问题涉及哪些条件可以作为衡量专家的标准。一般来说，衡量一个人是否是专家，有形式标准和实质标准两种。从形式上看，从事技术预测的专家一般是指在某一专业领域有多年的专业工作经验、有较高专业职称的人。从实质上看，则更看重他在学术上是否有较大的贡献，在工程技术领域是否有较大的创新，在学术研究和创新实践中是否具有独创性的见解，是否得到同行公认等。当然，一般会同时使用这两条标准来选择专家，尤其是实质标准，以便做出有效的预测。在此定义下，产业部门研发人员、学者、政府官员、战略家与社会活动家等都可以纳入此范围。专家的判断能力，则主要考察专家基于所掌握的知识，通过逻辑推理与个人独有的洞察力形成的结论。

利用专家进行预测属于直观的预测方法，已有相当长的历史。在传统的和现代的预测活动中，尽管对"专家"这一概念的理解有所不同，但出发点是一样的。面对高度不确定及复杂性的未来环境，单纯数量化工具不足以描绘事实真相，必须通过某一个人或某一个群体，以其直觉与判断力来预测未来，构成更周延的预测方法。现代的预测活动利用专家判断作为预测重要手段已经有了质的飞跃，形成了一套如何组织专家、充分利用专家创造性思维进行预测评估的基本理论和科学方法。在技术预测过程中，不是仅依靠一个或少数专家，而是依靠许多专家或专家集体；不仅依靠本领域专家，同时广泛邀请相关领域专家和经济社会发展方面的专家参加预测，充分发挥专家的集体智慧。

余序江等（2008）总结的专家判断预测方法适用的条件可以分为以下四类：

一是资料信息的不完备。由于适用趋势分析的历史资料事实上并不存在或并无公开发行的资料；抑或虽然有资料，但极不容易获得（或在处理及取得上耗时耗力），只能由专家判断来预测未来。

二是影响因素复杂性。预测对象存在多项、复杂且相互关联的因果关系，而任何一项因素的改变，皆足以显著影响预测结果；或者是已证实存在新的外来因素，且与过去各项因素相比更为重要。

三是社会政治因素影响力。存在明显的社会、文化、政治与伦理上的因素，其影响力超过技术与经济面的影响力。特别是预测对象的技术发展在很大程度上取决于政策和专家的努力，而不是取决于现实技术基础时，采用专家判断预测能得到更为正确的结果。

四是专家个人存在的影响力。专家本身作为领域内的翘楚，其决策行为会影响技术预测的结果，如该专家的决策与意见会左右技术的发展或是消费者的意愿。

二、个人预测与专家会议

专家个人进行预测主要分为两种类型：一种是专家根据本身所了解的社会需要，自发地从事预测工作。很多科学家经常性地将科学探索工作和自己的研究需要紧密结合，对自己领域的科学技术发展状况进行预测判断。另一种是虽然预测者是专家个人，但不是专家自发进行预测，而是根据其他人或某一团体的要求进行预测。例如，科技管理部门为了预测某一新兴技术的未来发展动向，需要制定相关技术问题决策，往往需要征求熟悉和了解这一领域技术的专家意见，要求他们根据经验和专长做出预测和判断。这两种情况都很常见，都属于专家个人预测，不同的是由谁来提出预测问题。

现代个人专家预测方法的应用是建立在总结前人经验的基础之上的，是各种形式的个人预测历史发展的逻辑结果。这种预测方法可以不受外界心理因素（如其他专家判断）的影响，最大限度地发挥专家个人的创新性思维，充分调动专家本人专长的经验知识。但不足之处也很明显，最受人诟病的是片面性，由于专家个人知识面、经验、知识深度、掌握信息等方面的局限性，以及对预测对象的心理感受都有可能产生偏差。虽然专家很多，但每个专家都有自己独特的思维方式，使用不同的经验知识，这些并非其他人都能同样具备。由专家个人所做的关于未来技术发展的直观性判断，其他人也很难审查其正确与否。

专家会议的预测方法是为了避免个人专家预测意见可能产生的片面影响，通过召开专家小组会议获得预测性判断，预测结果不属于个人预测，而是许多专家经过共同讨论获得的集体预测。这种参加小组讨论会的专家一般来自某一技术领域，参加者属于该领域各部门专家。专家小组会议方法在现代预测活动中占有很重要位置（Popper，2008）。"三个臭皮匠，顶个诸葛亮"，集体智慧比个人智慧要高得多，可以收集到更多的信息，对预测对象可能受到的影响考虑得也会更加全面。全面、周到地考虑影响预测对象未来发展的各种因素和限制条件，对预测的质量有很大影响。专家会议的集体特征让每个专家不需要承担全部责任，在一定程度上可以减轻顾虑，便于意见交流和相互启发。反过来讲，如果收集的信息量大质劣，反而会增大预测偏差的风险。这种方法的有效性还会受到社会和心理压力的影响，因为个别专家出于性格方面原因不敢提出或坚持正确的观点，权威由于爱面子不愿修正自己已经站不住脚的意见。在某些场合下，专家小组中的某些成员会出于利益方面考虑，不管其他专家所依据的事实如何，所做的推理是否合理，而以赢得自己的利益为胜利成果，影响了专家会议有效性的发挥。

专家会议的预测方法虽然优于个人专家预测方法，但仍有不少缺点，所以人们经过实践，提出了改良专家会议这种直观预测手段的方法。大量的预测方法特别是技术预测方法可以根据预测目标、流程建立一套预测程序的系统方法，按照正确次序有条理地运用合适的方法，从而组合成一项综合预测。

第四节　系统分析方法

技术预测的实施是个复杂的系统行为，需要整合多种定性和定量方法，根据不同的环节灵活适用预测方法和工具。德尔菲法是"系统分析"方法在意见和价值判断领域内的一种有益延伸，它突破了传统的数量分析限制，为更合理地制定决策拓宽了思路。自 20 世纪 50 年代兰德公司开发设计了德尔菲法以来，该方法已广泛应用于各个领域和学科中辅助判断性预测和决策。Gorden 和 Helmer 在 1964 年发表的《长期预测的研究报告》，首先将德尔菲法引入军事以外的领域，于是德尔菲法广泛应用于各个领域的预测研究工作。[①]

一、德尔菲法

德尔菲法最初旨在作为一种程序帮助专家做出可能比传统小组会议更好的预测，它的特点在于允许利用专家小组的积极属性（如各种来源的知识和创造性综合），同时规避常常导致小组表现欠佳的消极层面。当前，美国、英国等国家公众讨论、公开辩论的风气由来已久，更加倾向面对面交流意见的方式，如专家会议法等，而亚洲、拉丁美洲等国家（如日本、韩国等）公开讨论、辩论的风气并不浓厚，匿名的德尔菲法反而较受青睐。此外，相对于座谈会式的讨论，德尔菲法产出结果较有系统且更利于分析和评估，因此对于着重社会经济需求整合的政治体制来说，适用性更高。

德尔菲法与一般的研究调查方法有所不同，Goodman（1987）与 Whitman（1990）认为德尔菲法具有四个必要的特征：一是专家小组提供意见。德尔菲法的专家小组与研究调查中建立研究工具效度所邀请的专家是不同的。内容效度专家是评鉴研究工具是否能够真正测量研究内容，主要是针对研究工具提供建议。德尔菲法邀请具有丰富经验或在自身领域具有很好积

---

① Gordon T J, Helmer O. Report on a long-range forecasting study [R]. Santa Monica, CA: Rand, 1964.

累的专家参与调查，并针对研究主题提供个人的精辟见解。二是采取匿名方式。专家学者常以座谈会的方式来表达个人看法，面对面讨论常容易造成争议，或参与专家可能出于畏惧权威意见、职位高低和人际关系等社会因素的考虑，而在公众会议中无法畅所欲言地表达自己的见解，造成一言堂的结果。匿名是通过使用自我管理的问卷（在纸上或计算机上）来实现的，可以降低权威、资历、口才、人数优势等因素的影响（尤其是来自占主导地位或教条主义的个人或来自多数人的社会压力），如此可以避免公众压力导致参与专家不愿提供真实建议的弊病。重要的是，专家间无接触机会，可以避免盲目附和现象（Bandwagon Effect），以增加研究结果的可信度。三是反复循环迭代。一般研究方法将问卷回收之后，便进行数据收集整理并撰写报告。德尔菲法通常在多个轮次中重复发放调查表，可使小组成员有机会审视其他专家的看法，及时修正自己的观点和判断，而不必担心在小组中（匿名的）其他人面前丢脸。这种反馈是有控制的反馈，即控制应答者围绕既定目标进行预测，防止偏离中心目标的状况发生。四是统计呈现团体意见。德尔菲法对征得的专家意见进行统计总结（通常是平均值或中位数）。四分位计算，可以呈现专家意见分布情形，作为拟定政策的评估工具，以作为政策执行的参考。因此，反馈小组所有成员的意见和判断，而不仅仅是小组内最强烈的声音。在参与者意见调查结束时（经过几轮问卷调查后），组织部门将该小组最后一轮估计的统计值（均值或中位数）视为小组判断。这种统计特性通过对专家集体预测意见进行定量评价和处理，是德尔菲法不同于头脑风暴和其他专家预测方法的一个重要特征。

经典型德尔菲法的第一轮是非结构化的（Martino，1983），主要是因为有时候将组织部门提出的一系列问题强加给小组成员，不如让各个小组成员有机会识别确定与所关注主题相关的重要问题。然后，组织部门将已识别的因素合并为一组，并生成结构化的调查表，要求小组成员在随后的步骤中进行定量判断。在每一轮之后，主持人进行分析并统计总结小组成员的回答（通常为中位数和上下四分点），然后将汇总结果提交给小组成员以供进一步考虑讨论。因此，从第三轮开始，小组成员可以根据反馈而改变其先前的估计值。此外，如果小组成员的评估不在上四分点或下四分点之内，即使他们反对多数意见，也可能要求他们（匿名）给出理由，解释认为自己的选择是正确的原因。此过程将持续进行直到小组成员的结果呈现出一定的稳定性为止。

二、专业知识的价值

德尔菲法是供专家使用的实用工具，但对该方法的实证研究主要将专家作为受访对象，因而选择专家是预测成败的重要一环。如果应邀专家对预测主题不具有广泛深入的知识，那就很难提出正确的意见和有价值的判断。

小组成员对德尔菲法的反馈取决于其对待预测主题的了解程度。期望专家们能够拒绝更改其估计值，除非他们意识到反馈的价值。另外，也要考虑部分专家对他们不了解的问题做出判断或预测的回答。一般来说，第一轮估计值仅提供参考，期望其在随后的轮次中将受访对象吸引到反馈统计数据上。我们知道反馈的数据或统计值是由专家的自由判断组成的，所以也有可能最后一轮的准确性不及第一轮的准确性。因此，在调查过程中，还需对专家问题反馈的认识程度设置权重，避免过多非专家群体意见影响整体价值判断。

三、多元化

专家的判断会提高总体判断的可靠性，多样本专家的参与通常比个体更准确，当然也不排除在某些情况下准确性可能更差一些。当个体进行交流互动时，如在传统的小组会议中或在结构化的德尔菲法中，由于不完全的知识或误解而导致的个人判断中出现的错误或偏见可能会减少（以及不可靠性可能会降低）。因此，在预测阶段，应选择更多的战略性专家，其综合的和专业的知识可以考虑的范围更广，涉猎多领域的专家比专注于单个领域的专家更可取。也就是说，在选择专家的过程中，不仅要注意选择精通技术、有一定名望、有学科代表性的专家，同时还需要选择边缘学科、社会学和经济学等方面的专家。选择承担部门领导职务的专家固然重要，但要考虑他们是否有足够的时间认真填写调查表。经验表明，一个身居要职的专家匆忙填写的调查表，其参考价值还不如一个专事某项技术工作的一般专家认真填写的调查表（孙明玺，1986）。

尽管小组人数会影响该方法的有效性，但没有确定的规则可以控制在德尔菲法中小组成员的人数。较大的小组能够比较小的小组提供更多的智力资源，有可能带来更多的知识和观点来解决问题，但也使冲突、不相关的观点和信息过载的可能性更大。德尔菲法的运用可以控制信息交换，这使得过载问题比在具有相同规模的常规小组中的过载问题少，而且可以聚集更大范围的意见，这在常规专家小组中是不可行的。但研究规模越大，时间和金钱上的行政成本就越高，为了最大限度地利用人力资源，限制小组成员的规模不失为一种选择，然而，关于最佳专家小组人数尚未有确切的答案。

Hogarth（1978）研究了小组人数和小组成员知识等因素如何影响统计小组判断的有效性，结果表明一定规模小组的准确性不再随着更多成员的加入而提高，一般而言，小组应包括 5~20 名成员。孙明玺（1986）认为，预测的精度与参加人数呈函数关系，即随着人数的增加精度提高，但当人数接近15 人时，进一步增加专家人数则对预测精度影响不大。因此，小组人数一般以 10~50 人为宜。当然，对于一些重大问题，专家人数也可以增加到 100 名以上。在确定专家人数时，值得注意的是，即使专家同意参加预测，因种种原因也不见得每轮必答，有时甚至中途退出，因而预选人数要多于规定人数。当然，人数取决于可用专家的人数，重要的是应考虑提供的反馈的性质和质量，相对而言，规模较小的专家组可以进行更深入的反馈。

第三章　预测调查的专家意见

在全球化竞争愈演愈烈的背景下，一个国家必须和不同生产成本的竞争者在市场上竞争，承受的压力也越来越大，政府在这种竞争压力下扮演着较以往更重要的角色，但没有一个国家能够有足够的资金创造所有的科技发展机会，在这种资源有限的条件下，技术预测提供了一个机制让不同的主体参与共识形成，将科技发展、经济及社会需求做到更好的连接。知识产生过程的本质正在改变，新的知识往往来自交叉领域及异质化的结合，尤其是在应用领域，知识的提供者、创造者、使用者之间需要更多沟通、协同研究，政产学研需要建立更好的互动关系。现代国家的科技管理正在转向科技民主治理，科技政策有必要在利益相关者间建立共识，才容易在管理部门通过并在实体部门有效推行。总体上讲，由于外部环境变化及技术的变革超过了政府系统的因应能力，需要通过预测手段广泛纳入不同社会群体，充分表达意见，发挥专长，以确保政策规划的完整，推动未来发展。

第一节　德尔菲法的适用条件

技术预测进行过程中，并非所有的环节都适用德尔菲法，如果符合以下相关条件，可以使用德尔菲法来获取并综合专家意见。

一、统计方法的不足

研究表明，人的判断与基于相同数据的统计模型和计算模型的结果相差甚远。例如，事实证明，线性模型将权重分配给预测变量，然后将其求和以得出标准变量的值（判断或预测的事件），要比人们根据自己的判断估算标准变量的值更准确（Meehl，1954）。从本质上讲，人们的判断不一致，无法处理大量数据并综合信息（Stewart，2001）。如果条件允许就应使用大数据统计分析技术。然而，在许多预测情形下，使用统计模型是不切实际的或不可能的，这可能是因为获取技术数据的成本很高或根本不可能获取。即使存在这样的数据，也必须确保将来的事件不会造成历史数据无法使用。信息质量不能保证且不够丰富时，必须依靠专家意见，而德尔菲法就是一种有用的方法，用于获取并综合专家意见。

二、专家人数充足

当预测情况需要人的判断并且有一些专家时，则必须确定要哪些专家参与预测（什么领域的专家、多少专家）以及如何参与。德尔菲法需要大量专家，如果研究表明个人预测与专家预测结果一样好（或优于专家预测），则不建议使用德尔菲法或任何其他需要多位专家的方法。但在实际的各种判断任务中，传统的小组统计往往胜过个人（Hill，1982）。小组至少拥有与任何一个成员一样多的知识，而传统的互动小组则提供了消除错误观点和观点综合的机会，因此，在有许多专家的情况下，德尔菲法可能适合于获取并综合他们的意见。尤其是对于支撑战略规划的技术预测研究，为了使预测结果更可靠，需要充分征求各种专家的不同意见，而面对面的专家不便于充分发表意见。在科研领域，由于社会和心理等方面的原因，或学术观点、学术地位、流派甚至思想倾向等情况的不同，容易出现权威专家或人数占优时的意见压倒其他意见的情况。

三、替代平均意见

当预测任务必须依靠判断并且有大量专家可参与时，可以通过多种方式将个人参与及专家预测结合起来。最直接的是，个人在不进行交互的情况下给出其预测，然后对这些个人预测进行同量加权并进行统计综合。德尔菲法专家小组成员有望获得其他人的进一步调查和反馈结果，这可能促使小组成员更深入地思考问题，在第一轮可能做出更好的"统计"判断。

Rowe 和 Wright（1999）分析了统计小组和德尔菲法专家小组相对价值的证据。尽管在德尔菲法准确性或质量研究中均可以比较各轮的平均值，但许多评估研究并未报告各轮之间的差异（Fischer，1981；Riggs，1983）。统计发现，12 项研究结果通常支持德尔菲法专家小组的预测优于第一轮或统计组，2 项研究结果相反。有 5 项研究表明，随着轮数的增加，德尔菲法的准确性得以显著提高。另外 7 项研究为德尔菲法提供了有力支持：在5 个案例中，研究人员发现德尔菲法的预测常常比统计小组或第一轮研究组更好，或者在某种程度上统计小组或第一轮研究组没有实现统计学意义；在另外 2 个案例中，研究人员发现德尔菲法在某些条件下比另外两个小组更好，例如，Parenté 等（1984）发现德尔菲法预测事件发生"时间"的准确性随着调研的轮数增加而提高，Jolson 和 Rossow（1971）发现由专家组成的小组的准确性提高了，"非专家"小组则不然。相比之下，只有 2项研究的研究人员发现，德尔菲法和统计组之间的准确性没有实质性差异

（Fischer，1981；Sniezek，1990）。总体上看，德尔菲法专家小组会做出更准确的判断。

四、替代传统小组

在传统的小组会议中，可能会出现各种社会、心理和政治困难，从而阻碍有效的沟通和行为。对德尔菲法的支持来自 Van de Ven 和 Delbecq（1974）、Riggs（1983）、Larreche 和 Moinpour（1983）、Erffineyer 和 Lane（1984）与 Sniezek（1989）。Fischer（1981）和 Sniezek（1990）发现两种方法在准确性上没有明显的区别，而 Gustafson 等（1973）发现互动小组占有很小的优势。Brockhoff（1975）表明任务的性质很重要，德尔菲法针对时间判断的准确性更高，而针对预测项目的准确性则较差（尽管差异可能同时反映了任务难度与内容）。

这些研究表明，与非结构化小组相比，德尔菲法专家小组中的个人判断集合可以做出更准确的判断和预测，并且应该优先使用德尔菲法。要注意的一点是，在德尔菲法研究中使用的小组通常是对问题主题具有高度专业知识的人员，他们真正关心会议的结果，并且了解同事（或认为他们了解）的优劣势所在，在此基础上，他们可以有选择地接受或拒绝他们的意见。在更丰富的环境中，传统小组成员为任务带来的额外信息和动力可能使其价值比限制性的德尔菲法更大。

总体而言，德尔菲法是系统分析方法在意见和价值判断领域内的一种有益延伸，突破传统的数量分析限制，为更合理地制定决策开阔了思路。由于能够对未来发展中的各种可能出现和期待出现的前景作出估计，德尔菲法为决策者提供了多方案选择的可能性。

第二节　专家的信息反馈

如前所述，利用反馈是德尔菲法的重要特征。当前，实证研究中利用的反馈趋于简单化，通常仅包含均值或中位数，而没有估计值超出四分位数范围的小组成员的论点（Rowe et al., 1991）。尽管 Boje 和 Mumighan（1982）提供了一些书面论据作为反馈，但是小组成员的性质和实验任务可能相互作用，从而造成实验困难，在这种情况下，任何反馈形式都不会有效。

严格地限制小组成员之间的信息交流并拒绝他们解释其估值依据时，反馈效力就会削弱很多。Rowe 和 Wright（1996）将简单的迭代条件（无反馈）与涉及统计信息反馈的条件（均值和中位数）和涉及原因反馈的条件（无平均值）进行了比较，发现几轮内准确性最大程度地提高发生在第三种情形下。此外，尽管与收到统计反馈或未收到反馈相比，收到原因反馈更不倾向于改变其预测结果，处于"原因"条件下的受访对象确实倾向于朝着更准确的结果方向改变；尽管在"迭代"和"统计"条件下比在"原因"条件下，小组成员更倾向于对其预测做出更大的改变，但这些变化并不倾向于更准确的预测。Best（1974）也提供了一些证据，表明对原因的反馈（不只是平均值）相较于仅对平均值的反馈（如中位数），可以促使形成更准确的判断。

一、德尔菲法与名义群体法

在德尔菲法中，小组成员之间是没有互动的，但是在名义群体法（Nominal

Group Technique，NGT，也称估计—交谈—估计法）中，评估阶段的口头互动在小组成员澄清和证明其结果方面具有很好的价值。这种差异可能是德尔菲法和名义群体法之间唯一的实质性差异，将两种方法的有效性进行比较研究可以对研究小组在提供匿名估计值时互动式反馈或解释的价值进行研究。与德尔菲法一样，名义群体法中的最终预测或判断取决于小组成员在最后一轮评估中的同量加权。

人们可能期待名义群体法更有效，因为它似乎允许对意见分歧进行更深入的讨论，但对德尔菲法和名义群体法的比较研究则显示出模棱两可的结果。尽管一些研究表明，与同等的德尔菲法专家小组相比，名义群体法小组做出的判断更为准确，但是其他研究发现，这两种方法在判断的准确性或质量上没有显著差异，一项研究还显示了德尔菲法的优越性。讨论反馈的行为可能导致过分强调了那些最善于表达或最雄辩的小组成员的意见，我们需要对诸如名义群体法之类的结构化小组方法中的影响进行更多研究。但目前没有令人信服的证据表明名义群体法相较于标准德尔菲法而言有较高的准确性，而德尔菲法的低成本和易于实施的特性，也就不需在单一的时间地点召集专家参加，比名义群体法更具优势。

德尔菲法的经典定义表明，尽管允许所有小组成员表达论点可以提高德尔菲法的有效性，但论点只能来自那些估计值不在四分位数之内的人。需要做更多的研究来证实这一点，例如，将反馈来自所有成员论点的小组有效性与反馈仅来自最极端（不在四分位数之内的成员）的论点的小组的有效性进行比较。

二、德尔菲法的轮次

研究人员很少关注非结构化的第一轮调研在后续结构化轮次中对研究对

象评价的价值影响。如果首轮的非结构化问卷信息收集得比较到位，或者以专家多轮研究方式形成对评价对象较为一致的认识，对提升后续轮次问卷调查的科学有效性很有帮助。对德尔菲法的实证研究只使用结构化的轮次，仅使用两轮或三轮。研究表明，小组成员的意见通常随着轮次递增趋于一致，也就是说估值差异会逐步减少。实际的问题是，结构化轮次调研的最佳轮数是多少？对此没有明确的答案。可接受的标准是小组成员的结果什么时候趋于稳定了，主持人可以决定停止该过程。稳定性并不一定要完全收敛（零方差），因为小组成员可能会在连续的几轮中满足于自己的估值，并拒绝进一步转向平均位置。如果小组成员有依据坚持他们存在分歧的预测，那么进行额外轮次的调研以期望达成共识是错误的。

Erffmeyer 等（1986）发现，德尔菲法估值的质量在前四轮调查中的估值随着轮次的增加，质量不断提高，但此后轮次调查对提高质量不明显。Brockhoff（1975）发现，估值的准确性一直到第三轮都有提高，但随后还有所降低。其他使用2~3个结构化轮次的研究也显示了准确性随着调研轮次的增多而提高。还有很多研究人员只是报告了最后一轮的德尔菲法估值的集合，而不是先前几轮的综合，或者没有详细说明使用的轮数，因此没有提供有关此问题的见解。

从这些有限的证据来看，德尔菲法进行三轮已经足够，当然还要考虑很多实际因素。如果第三轮调查结果仍然呈现出很高的差异性和不稳定性，主持人可以进行新一轮的调查，以确定是否还有待解决的问题。但有个问题，一般来说，专家成员倾向于在每轮后退出调查（Bardecki，1954），因此，大量轮次的调研可能会导致较高的专家退出率。如果那些退出的人只是忙碌不耐烦的专家，这可能对最终的正确性会有所影响。

三、专家的权重

德尔菲法的预测是所有专家在最后一轮所做的匿名预测的估计结果。由于极值可能会扭曲均值,因此最好使用中位数或截尾均值排除这些极值,选择合适的专家应该会减少极值出现的可能性。如果知道哪些小组成员是该领域的专家,擅长估值,对小组成员可以用不同的方式进行估值处理,这将很有意义。Larreché 和 Moinpour(1983)证明,依据外部评估专业知识水平,仅对那些被认为是最顶级的专家的估值进行综合,才可以在预测任务中实现更高的准确性。Best(1974)发现,由自我评价确定的专家组比非专家组更准确。在这些研究中,研究人员有效地赋予了专家一个权重,没有一个专家的权重为零。

专家判断的可变加权的中心问题是如何对这些判断进行加权。专家意见的客观衡量方法几乎不存在,除非该任务是重复性的,并且有过去预测的详细记录,可以进行对照试验。因为经验具有非可比性,或者是因为当前的问题与过去的问题有所不同,或者因为没有客观地对过去预测的衡量,因此,可能没有足够的适当信息来对所有专家小组成员进行适当的评分。在任何情况下,易于进行客观衡量的情况很可能是其中可以在计量经济模型或外推模型中使用客观数据的情况,这些方法可能更可取,因为它们不依赖任何主观成分。基于客观数据以外的加权方案,如对专家小组置信或专业知识的评分,只是用来作为判断和预测任务中专家意见的辅助指标。尽管 Best(1974)、Rowe 和 Wright(1996)似乎发现自我评估具有一定的有效性,但其他研究却发现自我评估与客观专家意见之间没有关系,如 Brockhoff(1975)、Larreche 和 Moinpour(1983)、Dietz(1987)等关于德尔菲法的相关研究。

四、问卷设计要求

问题措辞不当会导致严重的答案偏差，通过改变用词或语气，可以使受访对象针对一个问题给出截然不同的答案。例如，Hauser（1975）列出了1940 年的一项调查，针对"您是否相信言论自由？"这一问题，96% 的人回答"是"，但针对"您是否相信言论自由，在某种程度上允许激进分子举行会议并向社区表达意见？"这一问题，只有 22% 的人回答"是"。第二个问题与第一个问题一致，它只是对言论自由进行了更全面的定义，这就产生一个问题，即这些答案中的哪一个能更清楚地反映样本的观点。因此，需要恰当地表述问题，其中包括对有关概念的清晰定义，确保受访对象都回答相同的问题。Salancik 等（1971）对德尔菲法问题措辞进行了研究，发现问题长度对小组成员最初达成的共识产生影响，人们显然可以通过长短适中的问题获得更大的共识。调查表上措辞的普遍接受原则是：它们应足够长以充分定义问题，使受访对象避免以不同的方式解读问题，但它们又不应太长或复杂导致信息过载产生更大的歧义。同样，问题不应该包含情绪化的单词或短语：在言论自由问题的第二个问题中使用"激进"一词，可能带有负面含义，导致情绪化而不是理性的回答。

Tversky 和 Kahneman（1974，1981）研究发现，问题框架可能导致回答的偏差。他们给受访对象提出了一个假想的情况，即有人的生命可能会失去。如果受访对象选择第一种选项，那么肯定会有一定数量的人死亡，但是如果他们选择第二种选项，那么可能是更多人死亡，但也有减少死亡的机会。Tversky 和 Kahneman（1981）发现，选择两个选项中的一个选项的受访对象比例在以幸存而不是死亡的方式表达选项时都发生了变化（即，受访对象对选项"60% 会幸存"较"40% 会死亡"的回答会大不同，即使这些陈述在逻辑上是相同的）。表达此类问题的最佳方法可能是清楚地说明死亡率和幸存率（平衡），而不是隐含另一半后果。用一个单一的角度或数字来形容一个问题可能会为关注的焦点提供一个锚定点，从而使结果产生偏差。

在另一项研究中，Tversky 和 Kahneman（1974）向受访对象提供了一个假设学生"汤姆"的描述或性格简介，他们要求受访对象在众多学术领域中选择汤姆最可能是哪个领域的学生。他们发现，受访对象倾向于忽略有关基本比率的信息（各个领域中学生的相对人数），反而专注于个性信息。因为在问题或陈述中涉及不相关的信息，受访对象可能会将这些信息视为相关信息，因此应避免此类信息。Armstrong（1985）认为，没有信息比没有价值的信息要好。Payne（1951）、Noelle-Neuman（1970）以及 Sudman 和 Bradbum（1983）也就措辞问题提供了实用建议。

第三节　技术预测调查设计

第六次国家技术预测借鉴日本、德国、英国、韩国等国家开展技术预测的经验并结合我国以往经验，主要以德尔菲法为主，同时综合运用文献调查、专家会议、国际比较和其他研究方法，在事关国家重大战略、经济社会发展及国家安全迫切需求的信息、生物、新材料、制造、空天、能源、资源、环境、农业农村、食品、海洋、交通、现代服务业、公共安全、人口健康、城镇化与城市发展这 16 个领域开展了技术预测工作，同时，考虑到技术的多领域高度交叉与深度融合特点，在传统领域技术预测的基础上，在前沿交叉领域组织多领域专家对一些重点方向开展交叉领域研究，进一步加强跨领域技术和颠覆性技术方向的研判。

一、预测时间

通过长期预测（15~30 年），可以把握较长时期的科技发展方向，寻找技术突破，为制定国家长远发展战略目标服务。通过中期预测（10~15 年），可以有效地跟踪科学技术发展的前沿，调整科技计划，合理规划重大科研项目的跟踪顺序和期限。通过短期预测（5 年左右），可以从当前实际情况出发，正确判断未来技术发展趋势，直接为规划服务。作为国家技术预测研究，应兼顾长期目标和短期利益。根据美国、日本和英国等国家的经验，结合我国当前国情，从满足我国跨越式发展的产业技术升级的实际需求出发，第六次国家技术预测的时间跨度以 5~15 年为宜。

二、预测方法

第六次国家技术预测工作采用大规模德尔菲法以保证调查过程中各方面专家的参与。让参与调查的专家不受心理因素和权威影响进行广泛交流，从而有可能收集到大量有关未来技术发展趋势的客观、公正和准确的信息。日本人最早将这种方法用于与整个科学技术领域有关的技术预测，其后，德国、英国、法国和韩国等国家相继采用大规模的德尔菲法进行技术预测。因成本高、周期长，各国通常只进行两轮调查，因此，根据国外技术预测调查经验，本次技术预测进行了两轮大规模德尔菲问卷调查，预测结果见后文相关章节。

1. 前期工作

预测前期准备阶段，本书梳理了美国、日本、德国、英国等国家技术预测的组织方式和调查结果分析处理经验，派研究人员去德国、英国、日本进行交流访问，请美国、德国、日本、俄罗斯等国家的专家和同行对我国技术预测的调查方法、调查指标、分析方法等进行评价并提出建议。建立技术预测组织体系和咨询专家系统网络，完成各领域国内外技术竞争调查问卷和德尔菲预测调查问卷的设计。包括召开国家技术预测工作启动会、成立国家技术预测领导小组和国家技术预测总体研究组。总体研究组制定国家技术预测总体方案和实施计划，组织宣传并接受社会公众对有关技术预测的咨询；组建领域研究组；总体研究组编写了《国家技术预测工作实施方案》，并对领域研究组成员进行培训，统一对国家技术预测的认识，了解工作程序和基本任务等。总体研究组在与各领域研究组充分沟通交流的基础上，完成了技术预测德尔菲专家调查问卷设计，开发技术预测德尔菲专家调查系统，编写了调查方案和调查手册，初步建立预测信息管理系统框架。设计德尔菲问卷指标体系时充分考虑到指标的国际可比性；与国际著名智库、大学的科技预测与评价专家进行咨询。

各领域开展本领域经济社会发展愿景和科技发展趋势、需求分析。领域研究组根据总体研究组统一要求制定本领域技术预测工作实施方案，并根据总体研究组的需求分析框架开展领域需求分析，根据领域需求分析开展领域技术发展趋势分析，并提出备选技术清单和领域咨询专家。领域研究组通过文献调查、收集整理国家现有科技计划项目、专家会议调查及国际比较等方式提出各领域备选技术清单。领域研究组在综合利用国家现有专家库的基础上负责推荐本领域咨询专家，并将备选技术清单和领域咨询专家录入到信息管理系统之中。在备选技术清单产生过程中，认真学习了日本等国家在制定研究框架、设计技术路线、协调专家系统、组织调查工作等方面的经验。

总体研究组根据先前确定的原则和准则对各领域提交的备选技术清单和咨询专家进行审定，完成技术预测德尔菲专家调查问卷设计。

2. 备选技术项目

领域研究组负责提出初步备选技术清单，领域研究组在选择技术预测阶段备选技术清单时为防止出现重点技术遗漏现象，通过文献调查、专家会议调查、收集整理国家现有科技计划项目并参照美国、日本、德国、英国等国家的技术预测结果，结合我国国情初步提出各领域备选技术清单，同时设计调查问卷，从企业、高校、研究机构和社会各方面的有关专家中征集技术项目。在调查时，把上述收集的项目提供给专家，让专家确认或更改已提出的技术项目，同时增加遗漏的项目。

技术清单调查的主要内容包括项目名称、技术特征、国内外发展现状、所属子领域、研发目的、主要研发机构等。各领域研究组在形成初步技术预测清单后，组织专家对每个技术项目进行论证，通过论证的技术项目统一提交给总体研究组进行最后审定并建立备选技术项目数据库。

3. 实施调查

组织各领域开展技术预测德尔菲专家调查，完成各领域技术预测报告。

（1）第一轮德尔菲问卷调查。各领域调查专家参与第一轮网络问卷调查，历时 1 个月左右，经整理后把有效问卷输入数据库，进行统计分析，将统计结果提供给领域研究组。领域研究组根据调查统计结果对第一轮德尔菲调查问卷进行修订，经专家论证后形成第二轮德尔菲调查问卷。

（2）第二轮德尔菲问卷调查。总体研究组把第一轮调查结果反映在经修订后的第二轮问卷上，同时通知各领域参与第二轮调查的咨询专家，1 个月左右结束调查，经整理后把第二轮有效问卷输入数据库，进行统计分析，形成技术预测调查分析报告。

总体研究组在第二轮调查问卷统计分析的基础上，按关键技术选择的原则和准则，初步确定各领域关键技术清单，反馈给领域研究组。领域研究组根据总体研究组反馈的领域关键技术拟选清单，领域研究组组织领域专家开展领域关键技术选择研讨，结合领域专家研讨，确定本领域关键技术（每个领域 20 项左右）。在领域关键技术选择研讨过程中，咨询专家应对自己的意见提供充分说明。

三、专家网络

领域研究组在综合利用现有专家库的基础上，通过专家推荐方式，补充本领域咨询专家，建立技术预测咨询专家网络。总体研究组负责全面掌握咨询专家的基本情况，包括专家的性别、年龄、职业、联系方式、参与技术预测调查的意愿程度等。

第一，专家规模：各领域 300~500 人。

第二，专家结构：①专家的知识结构合理，不仅要选择技术领域的专家，还要选择企业家、经济学家、社会学家和管理人员；②来自企业的技术开发和管理人员比例应在 30%左右；③要考虑专家年龄、性别、所属部门、地区等因素，45 岁以下青年专家也要达到一定比例。

第三，选择专家的标准：①具有战略眼光，能从国家需要高度，科学、客观、公正地提出意见；②具有较高水平，熟悉本专业领域国内外动态；③在本行业具有 5 年以上的工作经历；④热心参加国家技术预测工作。

第四，领域咨询专家职责：①在各领域研究组开展需求分析时配合专家调查提出部分备选技术项目清单；②在技术预测德尔菲问卷调查过程中按要求对备选技术项目进行分析、预测和评价；③广泛吸引广大社会公众积极参与技术预测活动，以扩大国家技术预测的影响力。

四、指标体系

技术预测调查目标、领域和关键技术根据社会经济需求进行调整。从问卷指标设计可以看出，技术预测不仅考虑技术发展趋势的"推动力量"，也会考察社会需求引发的"拉力"。传统指标包括专业度、重要性、实现时间、制约因素、研发途径等，加入国际竞争比较分析有利于政府正确评价本国技术水平在世界范围内所处的地位，明确哪些领域处于优势、哪些领域处于劣势，研发基础如何，虽然这种评价标准受很多因素影响，但在当前技术高速发展、竞争激烈的国际环境下，这种分析是十分必要的。同时，还增加了有关"颠覆性技术"的开放式问题，希望通过问卷调查，获取专家对于未来 5~15 年可能产生的颠覆性技术，增加这类指标不仅可以弥补传统封闭式调查的框架设定，还可以进一步探索经济社会发展所需的未来技术。本次技术预测的调查问卷指标体系主要涉及以下 18 个问题（见表 3-1）。

表 3-1 国家技术预测问卷调查指标设计

调查项目	具体指标
专业度	您对该技术的熟悉程度
重要程度	对我国基本实现社会主义现代化目标的重要性
预期效果	对培育战略性新兴产业和带动高技术产业发展的作用
	对改造和提升传统产业、建设现代化经济体系的作用
	对资源能源节约和生态环境保护、建设生态文明的作用
	对改善和提高人民生活水平与质量的作用
	对推进解决"三农"问题及乡村振兴的作用
	对国家和国防安全的作用
	该技术对提高国际竞争力的作用
	该技术产业化的前景

调查项目	具体指标
实现时间	未来 5 年能否形成自主知识产权
	技术产业化或社会效益的实现时间
研发条件	该技术在我国的研发基础
	技术发展的主要途径
	技术研发经费的主要来源
	技术研发是否受到国外专利制约
	该技术产业化的成本
开放问题	您认为本领域未来最可能产生的颠覆性技术（请附说明）

资料来源：根据第六次国家技术预测专家调查问卷整理。

第四节　德尔菲调查概况

经过领域研究组充分讨论研究后确定的技术预测阶段 17 个领域（包含前沿交叉领域）的备选技术项目为 1671 项，这是第一轮德尔菲调查的技术项目。根据第一轮德尔菲调查问卷反馈结果，各领域组对备选技术项目进行了修订，经过增补和删减，形成第二轮德尔菲调查，共有技术项目 1679 项（见表3-2）。这些技术项目被认为是对提高我国综合国力和国际竞争力，促进基础产业、支柱产业和高技术产业发展，保持经济持续增长，改善人民生活质量，保障国家安全起重要作用的技术，是我国可能有技术机遇的项目。

表 3-2　技术项目统计

领域名称	技术数（项）	
	第一轮	第二轮
交通	100	100
人口健康	76	76
信息	111	111
先进制造	100	100
公共安全	100	100
农业农村	100	100
城镇化与城市发展	97	98（+1）
新材料技术	114	114
海洋	102	102
环境	99	99
现代服务业	102	103（+1）
生物技术	81	81
空天	97	98（+1）
能源	100	100
资源	100	101（+1）
食品	100	100
前沿交叉	92	96（+4）
总计	1671	1679（+8）

一、技术数量分布及问卷分布

两轮问卷调查，分别回收 29113 份和 55014 份问卷。第二轮问卷反馈信息见表 3-3。

表 3-3　调查问卷反馈专家基本信息表

领域名称	技术数量	企业（含转制院所）	科研院所	高校	政府机关	其他	学会	行业协会	总计	平均每项技术问卷数
交通	100	719	224	594	60	22	0	0	1619	16.2
人口健康	76	791	583	743	54	317	0	29	2517	33.1
信息	111	386	642	1637	20	20	0	0	2705	24.4
先进制造	100	593	420	1803	0	54	0	40	2910	29.1
公共安全	100	749	1264	1748	251	142	20	89	4263	42.6
农业农村	100	321	1600	2112	49	65	0	40	4187	41.9
前沿交叉	96	114	270	318	0	20	0	0	722	7.5
城镇化与城市发展	98	858	204	660	20	0	0	20	1762	18.0
新材料技术	114	2060	452	1699	0	0	0	150	4361	38.3
海洋	102	534	2444	1774	62	196	0	0	5010	49.1
环境	99	456	1194	1655	40	100	42	29	3516	35.5
现代服务业	103	974	301	329	68	84	21	0	1777	17.3
生物技术	81	458	595	922	20	80	0	0	2075	25.6
空天	98	351	1162	599	53	82	0	0	2247	22.9
能源	100	1462	1459	2756	94	60	50	0	5881	58.8
资源	101	1128	945	3328	120	121	23	60	5725	56.7
食品	100	271	971	2395	20	40	0	40	3737	37.4
总计	1679	12225	14730	25072	931	1403	156	497	55014	32.8

二、专家分布情况

第六次国家技术预测参与调查的专家，第一轮有 2001 名，第二轮有 3922 名。其中，男性专家占 87.7%，占了绝对的主力。两轮之间的专家数量虽有差别，但性别比例保持不变（见图 3-1）。从年龄分布来看，参与调查的专家主要集中在 41~60 岁，其次是 31~40 岁和 61 岁及以上，极少数专家处于 21~30 岁，两轮调查专家的年龄分布大致类似（见图 3-2）。

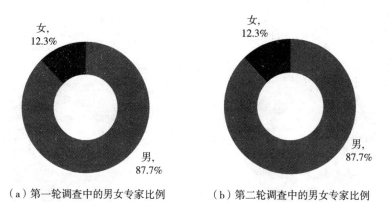

（a）第一轮调查中的男女专家比例　　　　（b）第二轮调查中的男女专家比例

图 3-1　两轮调查中的男女专家比例

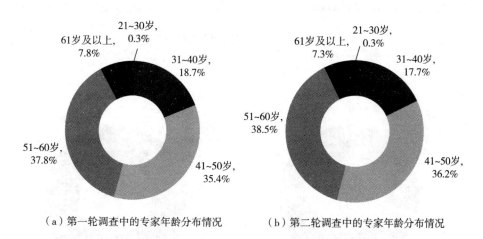

（a）第一轮调查中的专家年龄分布情况　　　　（b）第二轮调查中的专家年龄分布情况

图 3-2　两轮调查中的专家年龄分布情况

从专家所属机构分布情况来看，来自高校的专家比例最高，两轮调查分别占到 43.8% 和 45.5%，其次是科研院所类专家，企业专家比例大致在 23% 左右，还有少量专家来自政府机关、行业协会和学会等（见图 3-3）。从职称分布情况来看，教授（或相当于正高职称）的专家战略占绝大多数，共有超过八成的专家具有正高职称（见图3-4）。接近半数的专家具有海外一年以上的学习或工作经历（见图3-5）。

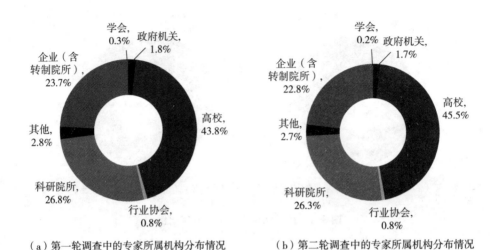

（a）第一轮调查中的专家所属机构分布情况　　（b）第二轮调查中的专家所属机构分布情况

图3-3　两轮调查中的专家所属机构分布情况

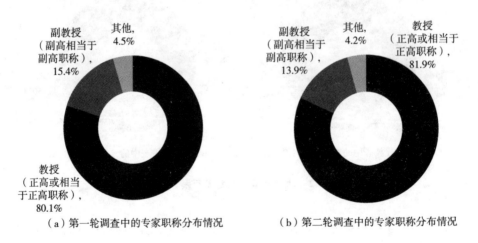

（a）第一轮调查中的专家职称分布情况　　（b）第二轮调查中的专家职称分布情况

图3-4　两轮调查中的专家职称分布情况

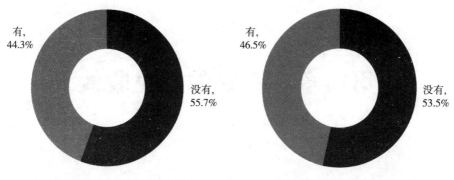

（a）第一轮调查中的专家海外经历情况　　　　（b）第二轮调查中的专家海外经历情况

图 3-5　两轮调查中的专家海外经历情况

第四章 专家的意见收敛

预测是展望未来，为选择相对美好的未来所做的系统性观察，其目的是营造更好的未来，评估未来 5~15 年，乃至更长一段时间的整体社会需求，并列出优先顺序较高的科技项目，以作为现有科技政策及预算的参考。技术预测还是民主化的决策沟通过程，其间活动中的专家调查、讨论、意见收集等工作，就是一个民主化的决策过程。技术预测活动希望政府、产业界、学术界，甚至公众，都能发表意见、形成共识。共识的检验是技术预测调查的重要步骤，直接影响预测的规范化水平及德尔菲调查的质量。

第 一 节 预 测 与 共 识

以往的科技政策决策可能更多由政府部门执行，这是因为政府往往拥有强大的组织能力，掌握最新科技的信息及人才，因此可以进行未来的规划。但在国际化及全球化的大趋势背景下，政府对于新技术及新产业应用的了解，往往比不上产业部门，甚至是公众，再加上许多新的机会来自交叉领域或是结合多个领域的发展，因此以往单以政府部门进行未来科技发展及应用的规划，已经难以适应新的形势发展。技术预测实施过程中吸收更多的群体，可以从不同的专业角度，系统性地参与国家科技未来的规划，对于新形势下技术群体跃进、颠覆性技术不断涌现，跨领域、多领域等问题，有很大的帮助。

反过来说，作为国家层面的技术预测，共识的形成将有助于支持预测结果执行。国家技术预测结果的推动，有赖于国家科技政策及预算的支持，共识的形成有助于部门、企业吸收技术预测成果。国家技术预测在未来愿景规划过程中，让不同利益相关者可以全面地了解技术发展的各种可能，并对应找出现阶段应进行的行动方案，可降低未来该建议在科技管理部门以及财政部门通过的阻力。由于预测推动、实施过程中的参与者往往是代表不同组织、机构群体的代表，因此在这个过程中让这些代表了解预测的内容及结果，未来在不同机构的沟通协调就可在技术预测过程中先完成。因此技术预测有助于推动科技管理向科技治理转型过程中政策及预算体系预测结果的正式化。相对于传统的政策形成体系，由于缺少深度的对话及探索过程，所以往往面临较大阻力，推动时易受到来自不同参与者的阻力影响。

对于技术发展来说，共识形成有助于解决科林格里奇两难（Collingridge，1980）。科林格里奇两难是指在技术发展初期没有充分了解其未来的冲击，而在技术发展后，由于已嵌入社会中，又没有足够的力量可以主导技术的走向。技术预测让社会不同群体在技术发展初期即参与到未来应用的规划中来，这将有效引导技术未来对社会的影响朝有利的方向发展。各种先进技术的发展，在带来便利的应用的同时，也可能带来未知的风险，多群体参加的优点是可以充分思考技术未来的应用及其影响，给予技术一个不同群体都能接受的定位，并经由不同参与者的努力，各自发展对应的环境，形成技术的良好应用。因此，与其要求技术的发展能适应社会的弹性需要，不如在社会中培养对技术的了解及因应的能力，进而有效地利用现在及未来的技术。在这种情况下，技术预测让社会在技术发展初期即为技术未来的发展描述出走向，并建立社会对于该技术发展及应用的认知，可以解决以上的两难。

一、共识的形成过程

预测过程是实际进行分析、讨论、意见整合、建立共识、建立网络平台的过程，这也是预测研究强调的重点。预测过程根据实际情况往往采取多种方法、不同的路径，但其终极追求的是对于执行方案具备共识的人际网络，在这过程中，不同相关者通过互动及调整，朝该目标推进。预测的分析流程，可从不同的角度进行。一个是从专业分析角度，以实际数据、模型、专家意见等不同方式进行未来的推演，建立模型模拟未来的发展，需要极高的专业及分析能力；另一个是从创新与创意的角度，以规范性思维或是群体讨论的方式探讨未来的可能性。预测可以选择任一角度或两种角度，采用不同方法，过程也不一定为直线，可能迂回进行。在这个过程中，预测的主要焦点是对未来的分析及现在应该采取的行动。因此，随着分析的进行及共识的形成，预测活动会寻求下一个不同阶段的答案，并继续往下一阶段走。预测的目的是在利益相关者心中建立共识，包括未来发展有哪些可能性；现在采取哪些行动方案，才能促使偏好的未来在将来实现；等等。

总体来看，有三个方面影响预测共识的形成。在问题定义方面，预测是一个政策导向活动，有很强的政府决策要求，问题定义往往受到主持单位的功能影响而采用不同的方法。在参与者的管理方面，可分为两个维度：一个是层级，可分为指导层与执行层，另一个是功能，可分为核心讨论及咨询。讨论必须要有足够的流程及信息支撑机制，没有固定的规则，往往采用多种方法进行意见收敛。在参与动机方面，动机是形成共识的先决条件，若没有参与者就不能有共识。预测必须有值得公共关心的主题以推动参与，利用政府配合人际网络延伸，以共同学习开发的精神，参与者才会有足够的动机。

二、德尔菲法的共识目标

在现实世界的许多预测活动中，统计技术可能不可行或者不实用，专家判断可以为预测提供主要依据。自20世纪50年代兰德公司开发设计了德尔菲法，该方法已广泛应用于各个领域和学科中辅助判断性预测和决策。

群体沟通过程的有效结构可以视为德尔菲法的主要目标，反过来，共识测量应被视为德尔菲研究中数据分析和解读的重要组成部分，但许多研究人员将其用作唯一的回合喊停标准，这与德尔菲法的最初想法不符，因此不建议使用。实际上，在德尔菲法中区分"共识/意见一致"和"稳定性"这两个不同概念非常重要。传统上，许多德尔菲法在达成预定的意见一致水平（即共识）时就停止了对特定预测的调查过程，然而，Dajani等（1975）指出，如果事先小组未达到稳定性，则共识是没有意义的。因此，小组稳定性实际上可以看作是必要条件。稳定性意味着对于某项预测活动，两轮德尔菲法的预测结果在统计上没有差异。某种程度上的意见一致（如趋近于共识的观点）也可能在不稳定的情况中出现，因此，Dajani等（1975）提出了分级喊停标准，该标准建议仅在答案实现稳定时才测量意见一致的程度。

Chaffin和Talley（1980）不完全认同Dajani等（1975）的研究，并进一步建议测试个人稳定性而不是小组稳定性，因为个人意见可能存在重大变更，且个人之间的这些变更会互相抵消，使得小组稳定性在这种情况下仍会实现。然而，与Chaffin和Talley（1980）相反，Scheibe等（1975）与Dajani等（1975）观点一致，他们倾向于进行小组稳定性测试而不是个人稳定性测试，因为德尔菲法的关注点就在于群体观点而非个人观点，他们同样建议使用稳定性来衡量何时停止德尔菲调查。在他们的研究中，稳定性是通过每回合得到的预测的分布百分比变化来衡量的，在任意两个分布中，15%或以下的变化被认为是稳定的情况。

从数据解读的角度来看，缺乏共识与达成共识同等重要，不幸的是，共识是德尔菲法中最具争议的组成部分之一，且其度量方法差异很大（Rayens & Hahn，2000）。这是因为关于这个术语存在一些争议，一般来说，共识可以表示群体意见、普遍观点，但 Mitchell（1991）认为在德尔菲法中达成共识的标准从未严格建立，监测团队必须单独为德尔菲法定义标准，标准越严格，专家组之间达成共识就越困难。

《美国传统英语词典》（*American Heritage Dictionary of the English Language*）将"共识"定义为"一个团体整体或多数意愿所达成的意见或立场"。大多数德尔菲法相关文献关注共识的测定，但在某些情况下，相反的观点（如异议/异见）可能比共识的意义更大。从 20 世纪 70 年代初开始，出现了一种新型的"德尔菲法"；即"政策德尔菲法"，它与传统程序没有太大区别，但是它有完全不同的目标。Turoff（1970）将政策德尔菲法定义为"一种将与特定政策领域的观点和信息相关联，并使代表这些观点和信息的受访者有机会对不同观点做出反应和评估的一种有组织的方法"。一般而言，政策德尔菲法是分析社会状况的一种手段，这些小组需有很大差异性，以便包括所有有争议的意见。除了常规衡量措施（中位数、值域、标准差）外，该方法还提供了个人和小组之间两极化的补充措施。政策德尔菲法主持人寻求异议，追求稳定的两极分布，因此会产生两个相反的小组观点（Steinert，2009）。参与者之间的共识可能是该过程的结果，但这不是主要目的，相反，会收集到政策问题的所有对立观点。因此，问卷设计实际上甚至有可能抑制共识的形成（Turoff，1975）。Dunn（2004）将这种方法称为"结构性冲突"，因为已尽一切努力使用分歧和异议来创造性地探讨政策问题。在政策德尔菲法中，一定程度的共识通常不被视为停止该过程的标准，相反，理想目标是对不同观点和意见进行充分澄清和定义（Rauch，1979）。

近年来，为了提高愿景质量，使愿景影响更加深远，德尔菲法经常应用于愿景规划中（Nowack & Endrikat，2011）。在多利益相关者参与的情境下，德尔菲法有助于对比利益相关者之间的建设性分歧，这些利益相关者之间通常不共享愿景或基本价值观（Wilkinson，2009；Chermack & Nimon，2008）。异议而非共识可能起主要作用的另一种情况，是应用德尔菲方法进行风险分析（Addison，2003）。尽管如此，非共识导向的德尔菲法仍然只占少数，就技术预测来说，重点还是放在共识的测量上。

第二节　共识检验方法的选择

许多德尔菲法使用主观标准或描述性统计来得出共识并量化其程度，但标准的选择有时显得很随意。De Meyrick（2003）认为，在德尔菲法中测量共识的方式种类繁多，似乎没有一个统一的标准。Williams 和 Webb（1994）抱怨许多研究人员在开始调查之前没有设定好共识水平，而是在进行分析后才定义标准。Hasson 和 Keeney（2015）在研究中也注意到了类似的缺陷，他们强调，德尔菲法中识别和测量方法的严谨性仍有欠缺。Gracht（2012）通过整理文献发现，研究人员实际上已经使用了各种描述性统计来衡量共识，包括关联度量以及集中趋势和分散度量的应用等。

一、评估标准和统计方法

Wechsler（1978）通过整理发现，研究人员可能事先规定回合数，而不是将稳定性和共识作为喊停标准。例如，研究人员可能通过成本/收益分析测算预测活动的预算，从而决定回合数；时间限制也可能会影响回合数；研究人员甚至可以考虑心理因素（如人为的共识）来限制回合数（Munier & Rondé, 2001）。但在规定的回合数下，可能无法达到稳定性和共识标准。

研究人员还可能根据主观标准终止德尔菲过程。例如，MacCarthy 和 Athirawong（2003）认为，新增一轮回合不会显著改变结果，因此终止了该过程。另外，Lunsford 和 Fussell（1993）通过一系列的个人访谈确定了小组成员之间的共识。通常，这种方法是不可取的，因为它相当随意且并不科学。但在某些情况下，主观分析是不可避免的。德尔菲法可以通过内容分析或定性数据分析来评估共识。

许多德尔菲法使用特定标准的一致性测量，以便量化专家组之间的共识。但大量的研究选定的认定标准比较随意，使用了许多不同的百分比，通常做法是在进行分析后才对度量进行定义（Von Der Gracht, 2002）。然而，如果将名义尺度或李克特量表（Likert Scales）用于衡量意见一致程度，那么通过一定的公认标准来确定共识是有意义的。Naylor 等（1990）研究表明，共识的定义会严重改变结果，在他们的研究中，一个 16 人的小组对医学领域的 438 种情况进行了评估，如果将共识定义为所有参与者都同意一个主题，那么共识压根就不会存在。对于占 75% 的大多数人而言，他们会在 1.4% 的情况中达成共识；如果简单多数（≥9 人）就足够了，那么他们会在 23.2% 的情况中达成共识。

共识可以是同意或不同意某项陈述，有时候被定义为高于多数意见的平均百分比的百分比（Saldanha & Gray，2002）。未达成共识的陈述将进入下一轮评估中。德尔菲法中常使用的度量（如集中趋势度量）一般指示某一分布的典型值或均值。有三种常见的集中趋势度量：众数、中位数和均值，选择使用哪种取决于测量变量的要求。需要考虑的是，均值仅适用于定距或定比尺度的数据。在许多关于德尔菲法的研究中，均值的计算没有考虑所使用的标度实际上是顺序尺度。一般来说，李克特数据类似于区间标度的数据，并且所得测量误差的程度并不显著（Shields et al.，1987）。但 Argyrous（2005）强调，顺序数据的均值计算并不是一个正确的过程。尽管如此，Scheibe 等（1975）研究指出，就像语义区分量表一样，当两端用形容词锚定时，9 级量表可能具有区间属性。如果研究人员决定以这种方式处理数据，则应谨慎行事，并应在方法论中提及将评级量表视为具有区间数据属性的风险（Riley et al.，2000）。Gordon（2003）提出了另一个重要问题，即集体判断中集中倾向的测量方法，研究人员应使用中位数而不是均值，因为离群值可能会不切实际地"拉出"均值。Armstrong（2001）同样得出结论，当历史数据或误差包含异常值时，中位数已被证明在预测中特别有用。Rowe和 Wright（2001）补充说，使用修正均值来排除这些极值也可以解决该问题。

德尔菲法通常也难以形成共识，因为德尔菲法通常结合一种或多种显示数据分布情况的离中趋势测量方法来分析集中趋势的度量。对于区间或比率数据而言，有四种此类度量：值域、标准差、四分位距和（相对）变异系数。定性变化的指数可以与分类数据一起使用。

值域是最简单的离中趋势测量，因为它是计算分布中最低和最高数据之间的差值，很容易计算，它随着极值的变化而变化，因此，研究人员通常更喜欢使用四分位距，以补偿这种影响（Argyrous，2005）。

标准差是均值分散的量度，它试图找出每个分数与均值之间的平均距离。通常将其与均值一起进行检查，它们一起代表最常见的描述性统计数据。在德尔菲法中，各种研究都使用了两种方法进行共识评估。West 和 Cannon（1988）以及 Rogers 和 Lopez（2002）使用均值±1.64 标准差的范围作为共识标准。然而，Murphy 等（1998）建议在德尔菲法中使用中位数和四分位距而不是均值和标准差，因为它们通常更可靠。

四分位距（Interquartile Range，IQR）是用来表示统计资料中各变量的分散情形，德尔菲法中经常使用的度量，并且普遍认为是确定共识的较为客观严谨的方法。IQR 的范围实际上取决于回答的数量，刻度上的点越多，可以预测 IQR 会越大。根据经验，在一个有 10 个单位的刻度上，IQR 小于 2 或更小时，可以认为在德尔菲法的小组成员达成了共识。另外，在一个有 4 或 5 个单位的刻度上，IQR 为 1 或更小可以视作一个合适的共识指标（Raskin，1994）。

变异系数是分散的标准度量，它是一个无量纲的数字，由标准差除以均值可得。在德尔菲法中，各种研究都使用变异系数作为共识的度量，因为它可以直接比较后续各回合的陈述，理想情况是某个项目的变异系数逐轮减小。English 和 Keran（1976）发布了用于测量共识的变异系数的规则。Dajani 等（1979）补充说，通过检查连续两个回合之间的变异系数的变化，也可以用来测量稳定性。

二、数据样本

第六次国家技术预测涉及信息、生物、新材料、制造、空天、能源、资源、环境、农业农村、食品、海洋、交通、现代服务业、公共安全、人口健康、城镇化与城市发展 16 个领域，同时，考虑到技术的多领域高度交叉与深度融合特点，在传统领域技术预测的基础上，在前沿交叉领域组织多领域专家对一些重点方向开展交叉领域研究。根据国外技术预测调查经验，本次技术预测进行了两轮大规模德尔菲问卷调查，具体调查情况，详见第三章第四节内容，这里不再重复。

三、共识检验方法

德尔菲法的收敛性检验没有统一的方法要求，在实际的技术预测调查过程中，上述收敛性检验方法的效果还有待在实践中得到证实。此外，在进行收敛性检验时，还应注意下列问题：一是检验参数大多是经验性的。在应用统计量检验法时，可以采用德尔菲法评价社会经济问题时普遍采用的显著性水平，也可以根据技术预测过程中实际精度的要求和成本效益原则，确定另外的显著性水平参数。二是在许多情况下，由于检验方法本身的局限性，一些检验方法难以达到检验的目的，一些检验方法则属于无效检验。一些非参数检验方法虽然简便，但由于舍弃了大量的统计信息，在许多情况下并不能达到检验的目的。因此，要根据不同情况选用不同的检验方法，如能同时采用多种方法对评价结果进行检验，效果将会更好一些。

1. F 值，t 值

F 检验用来判断两个独立样本的总体方差是否相等，t 检验用来判断两个独立样本的总体均值是否相等。通过检验每两轮结果的总体方差与均值是否存在显著性差异，可以判断评估结果的收敛情况。t 统计量用来检验德尔菲法中两轮均值之间的显著差异，如果差异只是发生很小变化或者不显著，可以在第二轮后停止问卷调查（Hakim & Weinblatt, 1993）。Buck 等（1993）也用 t 统计量检验了针对职业康复政策制定实施的德尔菲法中轮次之间的一致性，发现进入第二轮后，均值并没有显著差异，表面一致性水平很高。F

统计量则用来检验不同组的方差（或者说是缺乏共识）是否存在显著不同。Lundlow（1975）关于德尔菲法的著作也认可用 F 检验来分析同类型参与者不同组之间的意见分歧情况。汪柏林（2006）用 F 检验和 t 检验来判断不良资产评估德尔菲法专家意见的收敛情况。

2. CV 值，离散系数

离散系数是衡量资料中各观测值离散程度的一个统计量。当进行两个或多个资料离散程度的比较时，如果度量单位与平均数相同，可以直接利用标准差来比较。如果单位和（或）平均数不同时，比较其离散程度就不能采用标准差，而需采用标准差与平均数的比值（相对值）来比较：

$$V_s = \frac{\sigma}{\overline{X}} \tag{4-1}$$

其中，V_s 表示总体离散系数和样本离散系数。与标准差相比，离散系数的好处是不需要参照数据的平均值。离散系数是一个无量纲量，因此在比较两组量纲不同或均值不同的数据时，应该用变异系数而不是用标准差来作为比较的参考。离散系数通常可以进行多个总体的对比，通过离散系数大小的比较可以说明不同总体平均指标（多指平均数）的代表性或稳定性大小。一般来说，离散系数越小，平均指标的代表性越好；离散系数越大，平均指标的代表性越差，与对应项目响应的平均值相比，专家响应是分散的。换句话说，与项目的平均指标（平均数）相比，专家小组成员的意见（响应）之间的变化量很大；相反，CV 的值较小表明，与对该项目的答复的平均值相比，专家小组成员的答复之间的变化量较小。离散系数只对由比率标量计算出来的数值有意义。

接下来，要衡量某项响应的稳定性，需要通过减去连续两轮获得的 CV 来计算每一项的绝对 CV 差（Dajani et al.，1979；Shah & Kalaian，2009）。在两轮的德尔菲调查研究中，结构化德尔菲调查中每个项目的变异系数之间的 CV 差异如下：

$$CV \text{差} = CV(\text{第一轮}) - CV(\text{第二轮}) \qquad (4-2)$$

通过离散系数的变化，计算出问题响应可接受的接近程度和稳定性，从而决定德尔菲调查轮次（Mengual-Andrés et al., 2016）。德尔菲法中每个项目的绝对 CV 值均很小且接近零，这表明两轮中针对特定项目的专家的回答共识已达到稳定，因此无须进一步进行调查管理和数据收集（Kalaian & Kasim, 2012）；相反，绝对 CV 差的较大值表示专家小组成员之间就特定项目未达成共识或协议。

离散系数的值到底为多少算是达到了可以接受的一致性水平？Rankin 等（2012）认为，小于或等于 30% 可以视为达到了一致性水平。当然，针对不同的研究目的，大家对一致性的要求并不是一样的。有学者认为大多数项目的离散系数值低于 40%，可以理解为已经形成共识了（Mengual–Andrés et al., 2016）。在 Zinn 等（2001）对实验室管理绩效评价的研究中，认为离散系数等于或低于 50% 可以作为一个临界值，即达到了合理的内部一致性。

3. IQR 标准检验

四分位距（Interquartile Range, IQR），又称四分差，是描述统计学中的一种方法，以确定第三四分位数和第一四分位数的区别。与方差、标准差一样，四分差表示统计资料中各变量分散情形，但它更多为一种稳健统计（Robust Statistic）。四分位数（Quartile）统计方法把所有数值由小到大排列并分成四等份，处于三个分割点位置的数值就是四分位数。第一四分位数（Q1），又称"较小四分位数"，等于该样本中所有数值由小到大排列后第 25% 的数字；第二四分位数（Q2），又称"中位数"，等于该样本中所有数值由小到大排列后第 50% 的数字；第三四分位数（Q3），又称"较大四分位数"，等于该样本中所有数值由小到大排列后第 75% 的数字。第三四分位数与第一四分位数的差距又称四分位距。

为了评估一致性，可以采用组合标准来衡量，其中 IQR 需在 5 级李克特量表中小于或等于 1，才能符合专家意见共识的要求（Musa et al.，2015）。IQR≤1 被认为具有足够的共识水平，而 IQR>1 的项目被认为具有较低的共识水平（Hahn & Rayens，1999；Rayens & Hahn，2000；Burnette et al.，2003）。

第三节　稳定性与共识检验

技术预测指标设计一般包括专家专业熟悉程度、重要性、实现时间、预期效果、技术现状等。考虑到专家对不同指标意义的理解差异，可能会产生不同程度的意见偏差，本书选取了"重要性""实现时间""预期效果""研发基础"这四个指标进行比较分析，既有对现在研发基础的评价，也有对未来能否形成竞争力的判断，同时也有整体考量视角的重要性判断。在第六次国家技术预测研究中，对关键技术进行调查的问题回答选项采用的是李克特量表，要求受测者对一组与测量主题有关的陈述语句发表自己的看法，对每一个与态度有关的陈述语句表明他同意或不同意的程度。

一、稳定性检验

当 F 检验方差差异显著，表明拒绝零假设，方差检验不能通过；当 F 检验方差差异不显著，表明不能拒绝零假设，两轮估值方差无明显差异，方差检验通过。方差检验通过后，继续看结果 t 检验值。当 t 检验均值差异显著，表明拒绝零假设，两轮均值存在明显差异，均值检验不能通过；当 t 检验值不显著，表明不能拒绝零假设，两轮均值无显著差异，均值检验通过。在 F 检验和 t 检验均通过时，收敛性检验结束，并接受最后一轮的评估结果。

表 4-1 是专家对于技术重要性判断的收敛比较，统计发现：第一轮与第二轮检验结果中，人口健康领域的 F 检验值在 0.01 的水平上显著，交通、空天、材料领域的 F 检验值在 0.05 的水平上显著，城镇化、现代服务业领域则在 0.1 的水平上显著，表明这些领域方差检验没有通过，拒绝零假设，两轮方差存在明显差异。前沿交叉、能源、制造、公共安全、环境、海洋、资源、能源、生物、农业、食品等领域的 F 检验值并不显著，不能拒绝零假设，表明两轮估值方差无明显差异，具有较好的收敛效应。我们进一步观察 t 检验值在各个领域的情况，前沿交叉、安全领域在 0.01 的水平上显著，城镇化、资源、食品领域在 0.1 的水平上显著，表明这些领域拒绝零假设，两轮均值存在明显差异，均值检验不能通过。其他领域的统计显示，不能拒绝零假设，两轮均值无显著差异，均值检验通过，根据 Hakim 和 Weinblatt（1993）的建议，差异只是发生很小变化或者不显著，可以在第二轮后停止问卷调查。

表 4-2 是专家对于技术研发基础判断的收敛比较，统计发现：能源、制造、空天、城镇化、海洋、环境、信息、健康、资源、农业、食品、服务等大部分领域的 F 检验值在 0.05 的水平上显著，表明这些领域方差检验没有通过，拒绝零假设，两轮方差存在明显的差异，其他领域的 F 检验值不显著，表明两轮估值方差没有明显差异。从 t 检验值来看，仅有城镇化、信息、生物、资源 4 个领域在 0.05 的水平上显著，两轮均值是存在明显差异的，其他领域均值检验通过，不存在明显的均值差异，可以认为第二轮的调查已经达到稳定性，可以停止进一步的调查活动。

从专家对于技术产业化实现时间、产业前景的判断来看，类似对研发基础的判断，大部分领域的 F 方差检验没有通过，两轮方差仍旧存在显著差异。从 t 检验来看，大部分领域通过了均值检验，不存在明显的均值差异，可以在第二轮停止调查活动（见表 4-3、表 4-4）。

表 4-1　专家对于技术重要性判断的收敛比较

领域	轮次	样本量	均值	标准差	CV	CV 差	F 值	F 值显著性	t 值	t 值显著性
前沿交叉	1	353	4.076	0.827	0.203	0.031	0.847	0.358	−3.675	0.000 ***
	2	722	4.259	0.732	0.172				−3.525	0.000 ***
交通	1	844	4.122	0.809	0.196	0.016	4.363	0.037 **	0.030	0.976
	2	1619	4.121	0.744	0.181				0.029	0.977
能源	1	2811	4.182	0.782	0.187	0.004	0.594	0.441	−0.431	0.667
	2	5881	4.189	0.768	0.183				−0.428	0.669
制造	1	1444	4.321	0.711	0.165	0.008	1.501	0.221	−0.571	0.568
	2	2910	4.333	0.680	0.157				−0.562	0.574
空天	1	1229	4.213	0.755	0.179	0.007	6.076	0.014 **	0.872	0.383
	2	2247	4.190	0.722	0.172				0.860	0.390
城镇化	1	859	4.137	0.754	0.182	0.014	3.098	0.078 *	−1.962	0.050 *
	2	1762	4.196	0.707	0.168				−1.919	0.055 *
公共安全	1	2521	4.303	0.730	0.170	−0.015	0.002	0.883	4.520	0.000 ***
	2	4263	4.128	0.764	0.185				4.572	0.000 ***
海洋	1	2257	4.197	0.764	0.182	0.002	0.289	0.591	−0.678	0.498
	2	5010	4.210	0.757	0.180				−0.676	0.499
环境	1	2213	4.314	0.705	0.163	0.001	0.139	0.710	−0.116	0.908
	2	3516	4.316	0.702	0.163				−0.116	0.908
信息	1	1677	4.372	0.680	0.156	0.002	0.088	0.766	−0.002	0.999
	2	2705	4.372	0.673	0.154				−0.002	0.999

领域	轮次	样本量	均值	标准差	CV	CV差	F值	F值显著性	t值	t值显著性
人口健康	1	1442	4.320	0.715	0.166	0.008	7.495	0.006***	0.303	0.762
	2	2517	4.314	0.679	0.157				0.299	0.765
生物	1	1078	4.484	0.643	0.143	0.004	1.026	0.311	1.058	0.290
	2	2075	4.459	0.620	0.139				1.046	0.296
资源	1	3479	4.383	0.685	0.156	-0.004	0.004	0.950	1.937	0.053*
	2	5725	4.355	0.698	0.160				1.946	0.052*
农业	1	2434	4.401	0.651	0.148	-0.004	0.722	0.396	1.495	0.135
	2	4187	4.375	0.664	0.152				1.503	0.133
食品	1	1801	4.495	0.629	0.140	0.002	0.333	0.564	1.971	0.049**
	2	3737	4.460	0.615	0.138				1.955	0.051*
现代服务业	1	1135	4.101	0.779	0.190	0.005	3.778	0.052*	0.388	0.698
	2	1777	4.090	0.755	0.185				0.386	0.700
材料	1	1535	4.342	0.698	0.150	-0.004	0.565	0.452	1.534	0.125
	2	4361	4.310	0.698	0.149				1.534	0.125

注：*、**、*** 分别表示在10%、5%、1%的水平上显著。

表4-2 专家对于技术研发基础判断的收敛比较

领域	轮次	样本量	均值	标准差	CV	CV差	F值	F值显著性	t值	t值显著性
前沿交叉	1	353	3.580	0.727	0.203	-0.012	1.938	0.164	-1.192	0.233
	2	722	3.639	0.782	0.215				-1.222	0.222
交通	1	844	3.677	0.715	0.194	0.005	1.819	0.177	-0.104	0.917
	2	1619	3.670	0.697	0.190				-0.103	0.918
能源	1	2811	3.815	0.779	0.204	0.020	56.064	0.000***	-0.325	0.745
	2	5881	3.820	0.703	0.184				-0.313	0.754

领域	轮次	样本量	均值	标准差	CV	CV差	F值	F值显著性	t值	t值显著性
制造	1	1444	3.555	0.807	0.227	0.027	40.669	0.000 ***	1.649	0.099 *
	2	2910	3.515	0.703	0.200				1.574	0.116
空天	1	1229	3.850	0.691	0.179	0.023	22.584	0.000 ***	1.639	0.101
	2	2247	3.813	0.597	0.157				1.571	0.116
城镇化	1	859	3.689	0.781	0.212	0.026	22.850	0.000 ***	-1.870	0.062 *
	2	1762	3.756	0.699	0.186				-1.800	0.072 *
公共安全	1	2521	3.722	0.714	0.192	0.003	0.011	0.977	1.157	0.247
	2	4263	3.701	0.698	0.189				1.150	0.250
海洋	1	2257	3.671	0.718	0.196	0.008	4.587	0.032 **	0.800	0.424
	2	5010	3.657	0.685	0.187				0.787	0.432
环境	1	2213	3.667	0.761	0.208	0.014	13.405	0.000 ***	-0.464	0.643
	2	3516	3.677	0.712	0.194				-0.457	0.648
信息	1	1677	3.841	0.688	0.179	-0.002	5.733	0.017 **	4.329	0.000 ***
	2	2705	3.749	0.679	0.181				4.316	0.000 ***
人口健康	1	1442	3.613	0.780	0.216	0.012	8.124	0.004 ***	-0.271	0.786
	2	2517	3.620	0.738	0.204				-0.267	0.789
生物	1	1078	3.803	0.718	0.189	0.015	0.165	0.685	5.786	0.000 ***
	2	2075	3.658	0.637	0.174				5.572	0.000 ***
资源	1	3479	3.794	0.726	0.191	0.013	35.066	0.000 ***	-2.041	0.041
	2	5725	3.825	0.684	0.179				-2.011	0.044
农业	1	2434	3.675	0.757	0.206	0.012	8.971	0.003 ***	1.517	0.129
	2	4187	3.647	0.708	0.194				1.495	0.135
食品	1	1801	3.683	0.766	0.208	0.012	7.331	0.007 ***	0.154	0.877
	2	3737	3.680	0.722	0.196				0.151	0.880

领域	轮次	样本量	均值	标准差	CV	CV差	F值	F值显著性	t值	t值显著性
现代服务业	1	1135	3.805	0.788	0.207	0.014	7.802	0.005 ***	0.000	1.000
	2	1777	3.805	0.733	0.193				0.000	1.000
材料	1	1535	3.724	0.682	0.183	0.000	0.178	0.673	0.150	0.881
	2	4361	3.721	0.683	0.184				0.150	0.881

注：*、**、***分别表示在10%、5%、1%的水平上显著。

表4-3 专家对于技术产业化实现时间判断的收敛比较

领域	轮次	样本量	均值	标准差	CV	CV差	F值	F值显著性	t值	t值显著性
前沿交叉	1	353	3.713	1.082	0.291	0.033	9.194	0.002 ***	−0.479	0.632
	2	722	3.745	0.966	0.258				−0.461	0.645
交通	1	844	4.082	0.826	0.202	0.021	4.560	0.033 **	−1.971	0.049 **
	2	1619	4.147	0.754	0.182				−1.916	0.056 *
能源	1	2811	4.140	0.948	0.229	0.022	32.740	0.000 ***	1.034	0.301
	2	5881	4.119	0.852	0.207				0.996	0.319
制造	1	1444	4.104	0.832	0.203	0.028	48.027	0.000 ***	0.216	0.829
	2	2910	4.098	0.717	0.175				0.205	0.838
空天	1	1229	4.192	0.812	0.194	0.015	15.526	0.000 ***	1.068	0.285
	2	2247	4.163	0.744	0.179				1.041	0.298
城镇化	1	859	4.209	0.812	0.193	0.017	9.791	0.002 ***	−0.156	0.876
	2	1762	4.214	0.742	0.176				−0.152	0.880
公共安全	1	2521	4.212	0.848	0.201	0.012	13.756	0.000 ***	1.158	0.247
	2	4263	4.188	0.794	0.190				1.138	0.255
海洋	1	2257	3.936	0.873	0.222	0.014	20.691	0.000 ***	1.017	0.309
	2	5010	3.915	0.812	0.207				0.989	0.323

领域	轮次	样本量	均值	标准差	CV	CV 差	F 值	F 值显著性	t 值	t 值显著性
环境	1	2213	4.100	0.925	0.226	0.023	16.180	0.000 ***	-2.265	0.024 **
	2	3516	4.154	0.840	0.202				-2.216	0.027 **
信息	1	1677	4.264	0.765	0.179	0.001	1.508	0.220	0.024	0.981
	2	2705	4.264	0.762	0.179				0.024	0.981
人口健康	1	1442	4.174	0.808	0.194	0.018	11.498	0.001 ***	-1.493	0.135
	2	2517	4.212	0.738	0.175				-1.457	0.145
生物	1	1078	4.254	0.797	0.187	0.009	16.521	0.000 ***	2.990	0.003 ***
	2	2075	4.169	0.742	0.178				2.924	0.003 ***
资源	1	3479	4.155	0.838	0.202	0.030	49.661	0.000 ***	-2.725	0.006 ***
	2	5725	4.200	0.721	0.172				-2.628	0.009 ***
农业	1	2434	4.021	0.906	0.225	0.028	42.335	0.000 ***	-1.787	0.074 *
	2	4187	4.059	0.799	0.197				-1.729	0.084 *
食品	1	1801	4.265	0.788	0.185	0.025	28.972	0.000 ***	-0.275	0.783
	2	3737	4.271	0.683	0.160				-0.261	0.794
现代服务业	1	1135	4.491	0.691	0.154	0.008	0.430	0.512	0.112	0.911
	2	1777	4.488	0.654	0.146				0.111	0.912
材料	1	1535	4.181	0.896	0.214	0.048	73.224	0.000 ***	-3.835	0.000 ***
	2	4361	4.267	0.708	0.166				-3.430	0.001 ***

注：* 、** 、*** 分别表示在 10%、5%、1% 的水平上显著。

表 4-4　专家对于技术产业化前景判断的收敛比较

领域	轮次	样本量	均值	标准差	CV	CV 差	F 值	F 值显著性	t 值	t 值显著性
前沿交叉	1	353	3.963	0.879	0.222	0.006	1.587	0.208	-1.379	0.168
	2	722	4.042	0.872	0.216				-1.375	0.169

领域	轮次	样本量	均值	标准差	CV	CV 差	F 值	F 值显著性	t 值	t 值显著性
交通	1	844	4.054	0.830	0.205	0.025	17.556	0.000 ***	−0.129	0.898
	2	1619	4.059	0.729	0.180				−0.123	0.902
能源	1	2811	3.941	0.936	0.238	0.031	67.999	0.000 ***	−5.064	0.000 ***
	2	5881	4.041	0.834	0.206				−4.824	0.000 ***
制造	1	1444	4.116	0.818	0.199	0.023	14.604	0.000 ***	−1.146	0.252
	2	2910	4.144	0.727	0.175				−1.102	0.271
空天	1	1229	3.770	1.045	0.277	0.034	26.320	0.000 ***	−1.924	0.054 *
	2	2247	3.837	0.935	0.244				−1.862	0.063 *
城镇化	1	859	3.992	0.818	0.205	0.012	2.191	0.139	−1.006	0.314
	2	1762	4.025	0.777	0.193				−0.989	0.323
公共安全	1	2521	4.063	0.823	0.203	0.005	8.312	0.004 ***	1.301	0.193
	2	4263	4.037	0.799	0.198				1.291	0.197
海洋	1	2257	3.889	0.976	0.251	0.031	44.518	0.000 ***	−2.181	0.029 **
	2	5010	3.939	0.867	0.220				−2.086	0.037 **
环境	1	2213	3.870	0.954	0.247	0.037	79.789	0.000 ***	−4.401	0.000 ***
	2	3516	3.976	0.832	0.209				−4.266	0.000 ***
信息	1	1677	4.237	0.775	0.183	0.011	2.683	0.102	−1.200	0.230
	2	2705	4.265	0.734	0.172				−1.184	0.236
人口健康	1	1442	4.073	0.901	0.221	0.035	14.620	0.000 ***	−3.571	0.000 ***
	2	2517	4.170	0.777	0.186				−3.432	0.001 ***
生物	1	1078	4.264	0.891	0.209	0.033	23.359	0.000 ***	−0.915	0.360
	2	2075	4.292	0.756	0.176				−0.869	0.385
资源	1	3479	4.007	0.866	0.216	0.025	18.804	0.000 ***	−3.466	0.001 ***
	2	5725	4.067	0.777	0.191				−3.375	0.001 ***

领域	轮次	样本量	均值	标准差	CV	CV 差	F 值	F 值显著性	t 值	t 值显著性
农业	1	2434	4.099	0.873	0.213	0.020	5.754	0.016 **	−3.899	0.000 ***
	2	4187	4.182	0.807	0.193				−3.818	0.000 ***
食品	1	1801	4.288	0.788	0.184	0.018	16.529	0.000 ***	−1.562	0.118
	2	3737	4.321	0.718	0.166				−1.512	0.131
现代服务业	1	1135	4.002	0.918	0.229	0.021	6.346	0.012 **	−0.966	0.334
	2	1777	4.034	0.841	0.208				−0.48	0.343
材料	1	1535	4.147	0.876	0.211	0.030	22.363	0.000 ***	−1.958	0.001 ***
	2	4361	4.193	0.761	0.181				−1.832	0.050 ***

注：*、**、*** 分别表示在 10%、5%、1% 的水平上显著。

离散系数的大小可以反映专家成员意见响应的变化量大小情况。从专家对于技术重要的意见响应来看，CV 值除了前沿交叉领域在第一轮超过 0.2，其他领域两轮的 CV 值均小于 0.2，根据 Rankin 等（2012）的研究，我们可以认为达到了一致性水平。专家对于技术研发基础、产业化时间以及产业前景的判断，相较而言，专家成员意见变化量略大，但还是能控制在 0.3 以内，达到较好的一致性水平。

从两轮的 CV 差可以看出两轮之间是否就该技术项目达成共识。从专家对于技术重要性的两轮判断 CV 差来看，公共安全、资源、农业和材料领域第二轮的 CV 比第一轮大，表明专家在第二轮进一步有所发散，但也是仅有微小的变动。在专家对于研发基础的判断中，仅有前沿交叉和信息领域两轮的 CV 差为负，大部分领域的 CV 差为正，且接近于零，表明两轮专家的回答共识已达到较好的稳定性。对于产业化时间和产业前景的判断，第二轮专家意见进一步收敛，达到可接受的接近程度和稳定性，也就意味着不需要进一步调查了。

二、两轮调查的 CV 收敛情况

由于上面的分析主要基于领域的统计分析，模糊了技术之间的差别，可能对统计的结果产生偏差。这里，我们进一步对具体技术清单进行统计分析，根据重要性指标的分析表明，第一、第二轮分别有 86.8%、89.7% 的技术离散系数均在 0.2 以内，第二轮调查中离散系数超过 0.25 的技术仅占 0.7%（见图 4-1）。

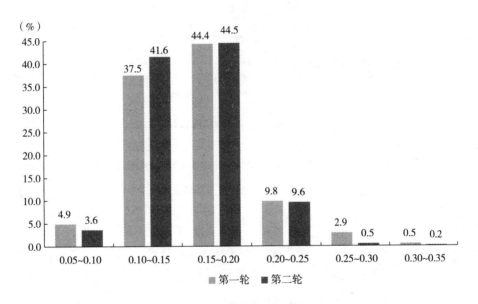

图 4-1　重要性指标比较

从专家对技术研发基础的判断统计来看，第一、第二轮分别有 63.4%、75.6% 的技术离散系数均在 0.2 以内，第一轮调查中还有 9.2% 的技术离散系数超过 0.25，但到了第二轮降到 2.8%（见图 4-2）。

技术重要性和研发基础主要是基于技术发展现状的判断，总体上，专家的意见较为集中，但对于技术产业前景和产业化时间的判断，专家更多的是

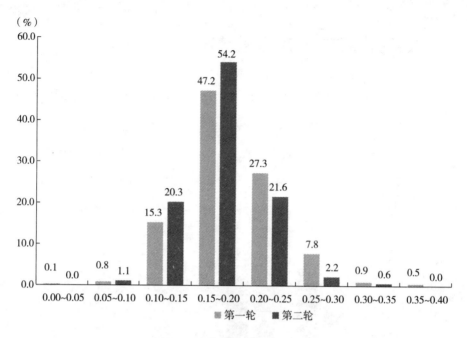

（%）

图4-2　研发基础指标比较

着眼于技术未来发展的研判，显现出明显的专家意见发散趋势。首先来看专家对于技术的产业前景指标的判断，第一轮仅有 52.1% 的技术离散系数在 0.2 以内，有 8.4% 的技术离散系数超过 0.3。进入第二轮，专家意见有了较好的收敛，有 71.1% 的技术离散系数控制在 0.2 以内，仅有 1.8% 的技术离散系数超过 0.3（见图4-3）。

专家对于技术的产业化时间指标的判断统计结果与产业前景指标类似，第一轮分别有 61.5% 的技术离散系数在 0.2 以内，还有近 5% 的技术离散系数超过 0.3。第二轮的专家意见收敛有明显的提升，有 78.0% 的技术离散系数控制在 0.2 以内，仅有 1% 的技术离散系数超过 0.3（见图4-4）。

我们进一步对所有技术的 CV 差进行比较分析，可以看出，专家对于技术重要性和研发基础的判断一致性较高，尤其是重要性判断，有 91.4% 的技术 CV 差控制在 0.5 以内，显示出两轮专家对技术重要性判断的高度共识，

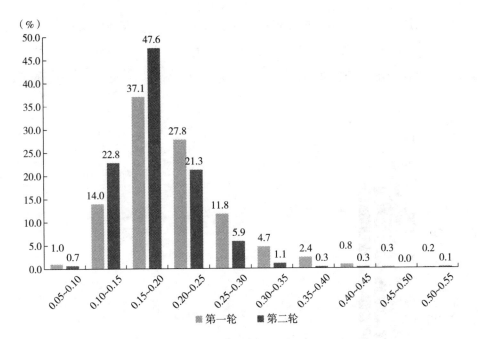

图 4-3　产业前景指标比较

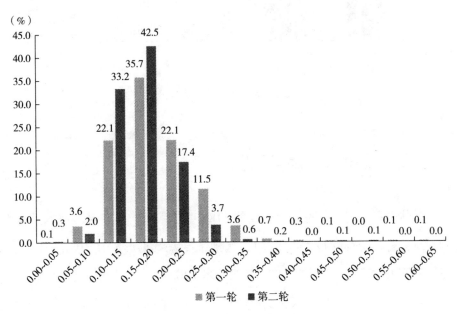

图 4-4　产业化时间指标比较

其次是研发基础的判断，也达到 87.2%。对于技术未来发展形成的产业前景和产业化时间的判断，专家意见相较而言更易发散，有超过 20% 的技术，CV 差超过 0.05（见图 4-5）。

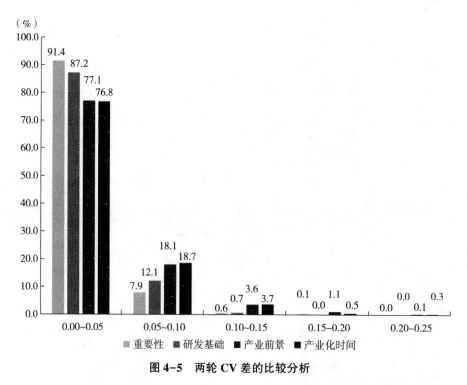

图 4-5　两轮 CV 差的比较分析

三、两轮的 IQR 共识测度

总体来看，在第一轮符合条件的 1180 项技术中，专家对于技术重要性的判断，有 92.5% 的技术 IQR ≤ 1，达到了专家意见形成共识的统计要求。在第二轮 1506 项技术中则有 93.7% 的技术 IQR ≤ 1。经过两轮的德尔菲专家意见调查，绝大部分技术取得了较好的共识（见图 4-6）。从领域分布来看，除了公共安全、海洋、食品、新材料领域，其他领域 IQR ≤ 1 的技术数量占比均有不同程度的提升，表明进入第二轮之后，更多的技术达到专家意见取得共识的要求（见图4-7、图4-8）。

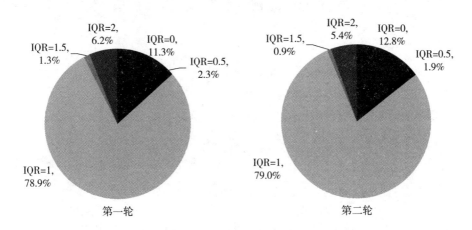

图 4-6　重要性指标 IQR 分布

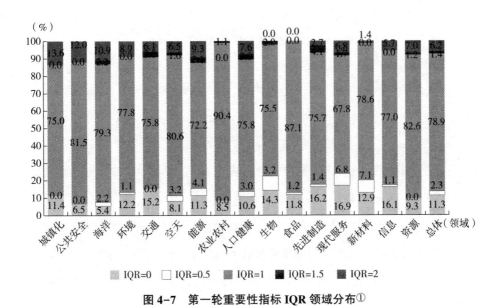

图 4-7　第一轮重要性指标 IQR 领域分布①

---

① 第一轮前沿交叉领域专家参与度并不高，而 IQR 分析每项技术有一定的问卷数量，前沿交叉领域不符合这个要求，而在第二轮专家参与得比较好，因此第二轮分析中有前沿交叉领域。

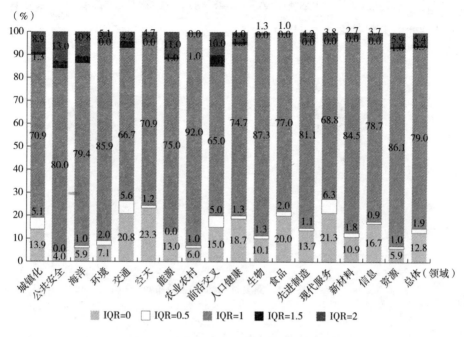

图 4-8　第二轮重要性指标 IQR 领域分布

对于技术研发基础的专家判断进行统计分析表明，在第一轮符合条件的 1180 项技术中，有 95.3% 的技术 IQR≤1，达到了专家意见形成共识的统计要求。在第二轮 1506 项技术中则有更多的技术达到了 IQR≤1 的共识统计要求，占比为 98.6%。IQR＝0 的技术数量占比从第一轮的 17.7% 上升到第二轮的 25.6%。经过两轮的德尔菲专家意见调查，绝大部分技术取得了较好的共识（见图 4-9）。从领域分布来看，除城镇化、海洋、交通领域外，IQR＞1 的技术数量占比有所增加，其他领域 IQR≤1 的技术数量占比均有不同程度的提升，表明第二轮的技术调查，有更多的技术取得了专家共识（见图 4-10、图 4-11）。

专家对于技术产业前景的专家判断呈现相反的迹象，统计分析表明，在第一轮符合条件的 1180 项技术中，IQR 分值对应的技术比例与技术研发基

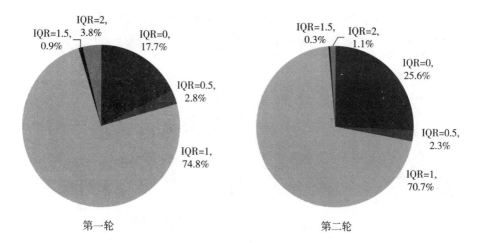

图 4-9　研发基础指标 IQR 分布

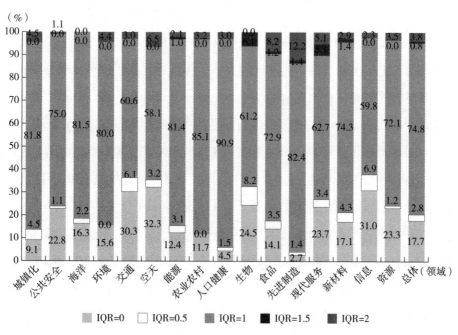

图 4-10　第一轮研发基础指标 IQR 领域分布

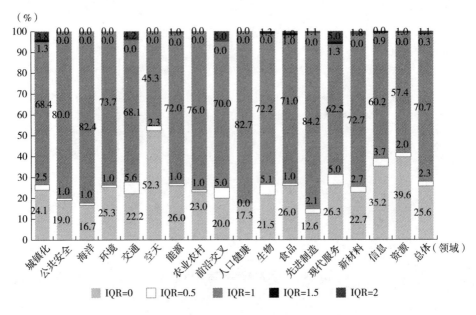

图 4-11　第二轮研发基础指标 IQR 领域分布

础专家判断的比例情况完全吻合，约有 95.3% 的技术 IQR≤1，能够达到专家意见形成共识的统计要求。从比例上看，第二轮达到了 IQR≤1 的共识统计要求的技术数量占比有所下降，为 91.8%。IQR=0 的技术数量占比从第一轮的 17.7% 下降为 15.3%。整体上，经过两轮的德尔菲专家意见调查，绝大部分技术取得了较好的共识（见图 4-12）。从领域分布来看，食品、现代服务、资源领域 IQR>1 的技术数量占比有所下降，其他领域 IQR>1 的技术数量占比均有不同程度的增加（见图 4-13、图 4-14）。

　　我们再来看看专家对于技术产业化时间的判断，与技术前景判断结果截然不同。整体上看，IQR≤1 的技术比例从第一轮的 87.2% 上升到 96.7%，共识性趋势非常明显（见图 4-15）。从领域分布来看，所有领域技术的 IQR 统计结果显示，第二轮 IQR≤1 的技术数量占比均有提升，更多比例的技术形成了专家共识。尤其是在农业农村、海洋、交通、环境、人口健康等领域，

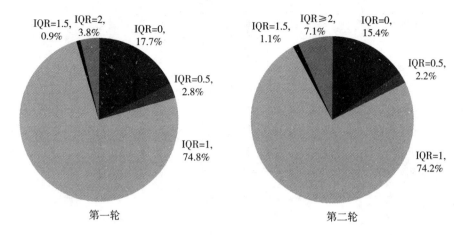

图 4-12　产业前景指标 IQR 分布

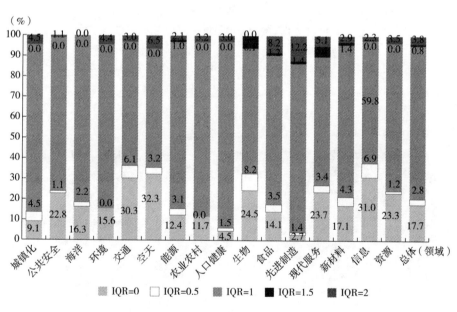

图 4-13　第一轮产业前景指标 IQR 领域分布

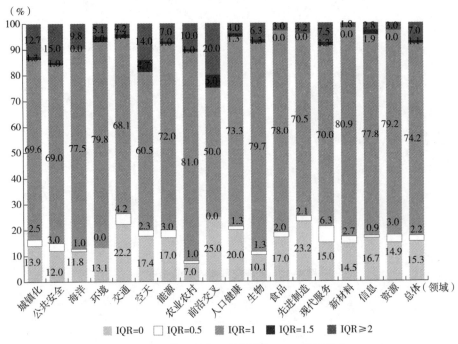

图4-14 第二轮产业前景指标 IQR 领域分布

有10%左右的技术从 IQR>1 转移到了 IQR≤1 的统计范围，达成了一致共识（见图4-16、图4-17）。

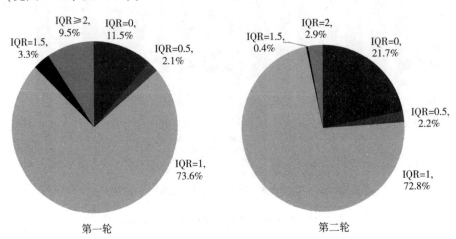

图4-15 产业化时间指标 IQR 分布

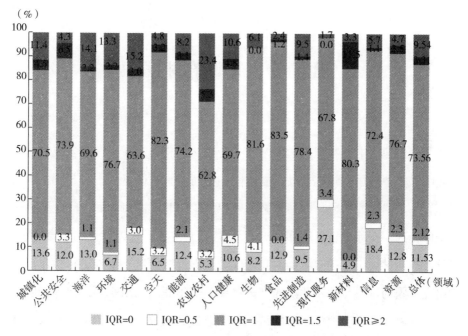

图 4-16 第一轮产业化时间指标 IQR 领域分布

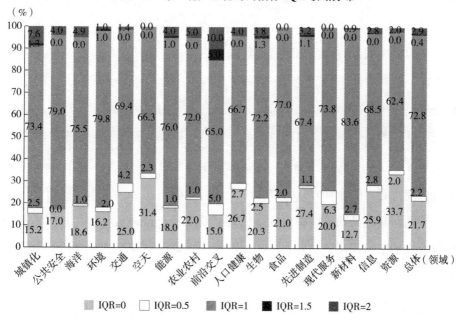

图 4-17 第二轮产业化时间指标 IQR 领域分布

第四节　共识的困惑

在德尔菲法中，共识的通用标准尚待确认。总体上看，在众多技术预测实践中，主要应用主观标准以及描述性和推断统计来衡量共识和趋同，但通常会有一个错误的印象，即共识必须被视为德尔菲法中每个回合的主要目标和喊停标准。实际上，有很多研究已经说明了在基于共识终止的回合之前，应该首先测试稳定性的原因。因此，仅对共识进行测量不足以进行德尔菲法的研究，因为这不是德尔菲法的唯一目标。德尔菲法的组织部门应该同时进行稳定性测试以及一致性水平测试，以便充分利用数据。共识度量除被用作喊停标准外，还被视为德尔菲法数据分析和解读以及异议度量的关键组成部分。

从第六次国家技术预测的调查数据来看，与任何研究一样，这里的讨论也存在一些局限性，并产生了以供将来研究的问题。第一，我们关注的是共识测量，这也是自德尔菲法产生以来最常被考虑的概念。但德尔菲法的研究侧重于共识的讨论之余，也可以形成一些基于异议的讨论。近年来，越来越多的研究旨在刺激结构性冲突，以便比较相反观点，并特别关注异议导向的分析。此类研究的设计方式必须不同于经典的德尔菲法，例如，它们在专家对话期间包含更具启发性的预测或其他反馈。未来的研究可能会更多地关注异议导向的德尔菲法设计中的特征，以便最好地达到方差最大化和不同论点的目的。

第二，如前所述，Landeta（2006）仅在 2000～2004 年就发现了 677 篇有关德尔菲法的科研文章，列举了很多与预测调查有关的测度方法。本书主要讨论德尔菲法的一些常用度量，没有使用更多的度量和标志，并未穷尽所有可能。在这种情况下，可能还会使用其他度量和标准。同样，本书的目的更多是要回顾德尔菲法研究中的共识度量，而不是为有效的机制开发框架（包括为德尔菲法中的回合制定喊停政策）。一方面，未来的研究可以开发出一套共识测量的详尽、有序、关键清单；另一方面，可以开发一套测量稳定性的清单，并注意特定变量，如要回答的问题的类型、变量的数量、测量尺度、假设，以及专家类别等。

第三，研究人员应意识到，在德尔菲法的研究中可能会出现某些偏见，这些偏见也可能使结果偏向共识或异议。Ecken 等（2011）的研究表明，期望偏差可能会使专家对概率的估计出现分歧，并阻碍达成"真正"共识。因此，在解读数据时，以共识或异议为导向的分析也应考虑潜在的偏差。未来的研究可以更详细地分析某些偏见如何影响共识测量。

第四，缺乏共识的另一个重要问题是预测存在潜在缺陷。应该特别注意避免在预测中产生歧义和条件性陈述。在这种情况下，专家可能对同一预测的理解有所不同，从而可能导致更多的异议。数据中的两极化或者说过于发散现象可能表明意见是基于不同的评价对象理解，或基于相同评价对象但产生了不同解释。另外，如果预测的措辞过于简洁，受访者可能会以不同的方式解释它们，从而无法形成共识。因此，对问卷进行预测试并进行独立审核是非常有必要的环节。未来的研究可能会更多地集中在预测的问题设计和数据处理上，以确保有一个科学而深刻的数据库用于分析和解读。

第五，如果上面第四条所说的问卷设计、问题陈述都没有问题的情况下，有些领域在统计意义上呈现显著的缺乏共识特征，可能需要更进一步的审视。挖掘背后的原因，专家结构问题可能是一个潜在影响变量，也有可能该项技术未来发展本身就充满不确定性，属于典型的非共识项目，需要召集领域组专家进行充分的论证。

第五章　专家的意见变化

德尔菲法已广泛用于预测和决策领域（Landeta，2006），其使用目的是达成共识或以收集有争议的观点和支持性证据的形式来提供意见。德尔菲法通常通过几轮问卷调查形式进行，问卷发放对象通常是从给定领域的专家中选择。除了受控反馈和迭代问题外，德尔菲法的主要特征是专家成员之间的匿名性和专家调查反馈统计响应的提供（Landeta，2006）。

德尔菲法为最终产品提供研究材料，既有专家组共识性的愿景，也包括专家成员对预测问题的响应行为。评估这种响应行为可以有两个不同目标：一是找出专家响应背后的原因。可以借助调查表中包含的问题选项，并通过进一步分析专家成员组成结构来实现（Tapio，2002）。二是找出小组成员中谁坚持他们的观点，以及谁愿意在后续回合中就迭代问题调整他们的观点。本书借助第六次国家技术预测调查，运用大样本数据拓展这个被忽视的研究领域，研究分析德尔菲调查中专家意见变化的背后因素，探讨了哪些因素可以解释参与调查专家在两轮之间的观点变化。更具体地说，我们对寻求共识的行为、专业背景以及一些个体特征变量（如受访者的年龄和教育程度）的影响进行研究，此外，还对不同专家组之间的观点变化进行了比较，为解释连续两次调查之间的响应行为变化提供经验证据。

第一节　意见的调整

德尔菲法已被广泛应用于专家之间进行的结构化群体交流（Rowe & Wright，1999，2001），经过反复几轮问卷调查，在受控信息共享和匿名的帮助下，可以达到高质量的预测或决策。德尔菲法用于获取有关未来可能发生的事件、场景等线索，或者在缺乏有关所涉问题的具体知识的情况下可以做出最佳的决策参考。因此，以可控的方式在小组成员之间形成共享态度和观点，使小组成员可以根据反馈信息改变自己的初始观点，并共同形成高质量的集体意见。

大量关于调查过程中问卷响应行为的方法论研究，旨在改善专家组的选择（Rowe et al.，2005；Rowe & Wright，1996）或问卷调查设计（Bolger et al.，2011）。Rowe 和 Wright（1996）、Rowe 等（2005）以及 Bolger 等（2011）在预测调查过程中研究了德尔菲法决策过程中的观点变化问题，他们评估了前轮调查结果以数字和论证数据形式反馈给小组成员的信息效果，但总体上看，仍缺乏旨在揭示专家个人（即研究小组成员）观点转变模式的研究。

小组成员按照德尔菲调查轮回过程中的意见调整观点，是做好德尔菲调查的前提，有助于实现高质量群体共识意见的形成。Bolger 和 Wright（2011）回顾了解释德尔菲法过程中观点变化的相关理论，包括信息社会影响力理论（Deutsch & Gerard，1955）、社会决策方案理论（Davis，1973；Kerr & Tindale，2011）以及判断人—建议人系统（Judge‑advisor System）（Bonaccio & Dalal，2006；Sniezek & Buckley，1995）。这些理论为考察德尔菲法的特征提供了观点转变的分析依据。少数派的意见和专业知识（与其他小组成员相比的）以及自我特征（即小组成员对自己的观点的偏爱更高）是对观点改变的相关理论解释（Bolger et al.，2011），这些理论解释并不排斥彼此，而是彼此联系在一起的。例如，当小组成员的意见与小组成员的多数意见（即共识）接近时，其信心就会增强。另外，与合作专家相比，专家小组成员的过分自信和较高的专业知识水平可以促进以自我为中心的特征表现。但由上述一组要素组成的 Bolger 和 Wright 的观点变化模型（Bolger et al.，2011）可能不适用于信息社会影响力模式与受访者的战略行为交织在一起的情况，如德尔菲法中受访者不仅包括中立专家，而且包括利益相关者，他们会预设意见，并有朝着特定方向改变政策的动机，因此，该模型可以补充"动机偏差"参数，从而有可能降低改变意见的倾向。

德尔菲法研究为理论解释提供了经验支持。尽管以自我为中心的审视对意见变更的影响缺乏衡量标准，因此尚未进行评估，但已研究了其他理论解释对意见变更的影响。例如，已经发现与共识相关的小组成员的立场（即少数派/多数派立场）会影响小组成员改变其意见的倾向，因为已经发现多数派会将少数派拉近其立场，而不论其预测的正确性如何（Rowe et al.，2005；Bolger et al.，2011）。在预测研究中，分别通过事后检查小组成员意见的正确性和使用自我估计的方法来评估其专业知识和信心（Bolger et al.，2011）。但这些措施都不完全适用于政策德尔菲法，在该方法中通常不存在绝对的真实响应，因此必须通过间接的方式来评估专业知识和信心，如要求小组成员根据掌握的专业知识自行评估有关该主题的知识水平（Rowe & Wright，1999；Spickermann et al.，2014）。但是，自我评估方法可能并不反映真实的信心，因为具有较高置信度的小组成员会比具有较低置信度的小组成员对主题的知识评级更高，而与他们真实的知识水平无关。

第二节　意见调整的偏差

在初次估计之后，德尔菲法准确性的提高有赖于后续迭代期间的观点改变。通过修正初次估计值来改善准确性，并非要求所有的参与者对第一轮估计值都有同样大的变化，除非第一轮评估的均值与真实值非常接近，否则这将仅仅增加一致性而不是准确性（Bolger & Wright，2011）。在第二次到之后的迭代过程中，准确性的提高要求一些参与者比其他参与者更频繁地改变他们最初的判断（Bolger & Wright，2011）。

假设知识渊博且能提供更精确评估的参与者相较于提供缺陷答复的参与者，不会轻易改变他们的观点（Dalkey，1975）。一般来说，专家意识到自己的专业知识有限，或在该领域耕耘相对较少，则更倾向于修正他们的评估结果；提供较为准确输入的参与者不会轻易改变任何结果（Kauko & Palmroos，2014）。按照这个逻辑进行迭代将使小组评估结果的精确度逐步提升。如果有足够的轮次允许较少的参与者改变他们的观点，德尔菲法将得出精确的结果（Bolger & Wright，2011）。

Hussler 等（2011）的实证研究发现，专家的评估相对稳定，即使是面临矛盾判断的时候。在所有专家给出的观点中，只有3%的观点会在第二轮做出改变，但外行有21%的回应与第一轮截然不同（Hussler et al.，2011）。Rowe 和 Wright（1996）研究发现，专业知识水平的高低和改变初步评估的倾向之间存在显著的负向关系。Rowe 等（2005）研究发现，在第一轮提供较为精确的可能性预测的专家在之后较少改变观点。Yaniv 和 Milyavsky（2007）的研究得出类似的结果。

当缺乏自信的参与者根据充满自信的参与者的评估改变自己的评价时，准确性将得到改善（Bolger et al.，2011；Bolger & Wright，2011），并且更具自信的判断会得到更多的追从（Sniezek & Van Swol，2001；Van Swol & Sniezek，2005）。也有实证研究发现，信心和专业知识/准确性之间没有显著的关系（Rowe et al.，2005；Rowe & Wright，1996，1999），似乎信心与地位（Bolger & Wright，2011）或个人特点（Rowe et al.，2005；Bolger & Wright，2011）的关系较专业知识更为密切。这意味着如果缺乏信心的参与者是那些最常改变观点的人，则精度未必能得到改善，甚至可能产生负面的影响，因此，由于信心不能作为评价准确性的恰当指标，也有学者建议德尔菲法不要在反馈中加入任何信心指标（Rowe et al.，2005；Bolger et al.，2011）。

通常情况下，反馈是有价值的矫正方法，尤其对于那些缺乏专业知识的参与者，在第一轮得出的评估准确性可能会较低（Rowe et al.，2005；Yaniv & Milyavsky，2007；Bonaccio & Dalal，2006）。然而，关于哪种反馈提供更专业的指导和更有效地提高准确性的研究，得出的结果存在矛盾。Rowe 和 Wright（1996）认为，定性反馈能更好地提高精度（只是论证，缺乏统计数据），但 Rowe 等（2005）认为，无论在观点改变方面还是在提高准确性方面，定性反馈没有任何益处，Bolger 等（2011）得出了与 Rowe 等（2005）类似的结果。

不幸的是，Rowe 和他的同事并没有给出一个具有定量和定性特性的反馈，这种反馈由于其提供了最为全面的信息是值得推荐的。前期大量的研究并没有将研究结果与明显的效应和认知偏差的操作模式相联结。这里，我们通过认知偏差进一步考察反馈和修正时期设计特点的影响。德尔菲法的匿名性使专家在挑选和处理新信息时具有很大的灵活性（Hart et al.，2009），因此，这个过程可以被看作是偏见的影响（Carlson & Russo，

2001；DeKay et al.，2009；Russo et al.，2008；Russo et al.，1996）。特别地，它会出现在人们（具有准确的第一轮评估）跟随大多数的观点（从众效应），或参与者（具有不准确的第一轮结果）稍微改变其观点（信仰坚持）的时候。

一、从众效应/集体思考

从众效应是指个体的行为（包括决策行为）受到群体的影响，会怀疑并改变自己的观点、判断与行为，与集体或集体中的大多数人的行为保持一致（Zimmermann et al.，2012），它可以被视为是一种调整自己的想法以适应标准的信念或操作的一种压力（Hallowell & Gambatese，2010）。在德尔菲法过程中，这意味着参与者跟随着大多数人的观点而不是保持他们自己的观点（Tsikerdekis，2013），这种现象在强大的初始群体偏好下似乎非常普遍（Henningsen et al.，2006）。

有研究论证解释了为什么相较于寻求准确性，人们更强烈地寻求一致性（Bolger & Wright，2011）。第一种解释是集体思考理论被频繁地应用于从众效应。Janis（1973）认为，人们适应于集体观点是处于对集体忠诚的道德责任，因此，集体中的成员间不会产生争论的问题或缺乏论证的问题，特别在具有高凝聚力和同质性的集体中，或是隔离外部专家、缺乏系统的决策制定程序的情况下。

第二种解释是一些研究人员提出了社会压力论证。由于德尔菲法的参与者仍保持匿名方式，其社会压力会比直接面对面的群体来得小（Rowe et al.，1991；Bolger & Wright，2011），但它不会被完全排除，仍然会产生一定的影响。群体交互可能会促使群体成员根据社会期许或共同的观点以最小化矛盾达成共识（Myers et al.，1977）。在德尔菲法研究中，这可能导致那些在第一轮中持有与大家不同观点的少数人改变他们的观点（Bolger & Wright，2011），而不管这部分人持有的观点正确与否。Bolger 和 Wright（2011）补充道，那些持有不同观点的人很可能会感到被边缘化并退出评估，但他们可能正是获得精确评估结果中最重要的参与者，特别在我们研究未来取向的德尔菲调查中，并不需要力图达成一致结果（Woudenberg，1991），考虑发散的观点论证和未来的可能性比达成全体一致更有价值（Rowe et al.，2005）。可惜，人们更关注于产生令人满意的结果而不是精确的结果（Nickerson，1998）。

第三种解释是不确定性被提出作为从众效应的解释。类似未来导向的问题具有高度不确定性或模糊性，人们倾向于复制其他人的方法（Bolger & Wright，2011；Whyte，1989）。这种"信息社会影响"（Deutsh & Gerard，1955）在其他人是专家的时候普遍存在（Bolger & Wright，2011）。由于研究未来取向的德尔菲调查通常解决高不确定性或模糊的问题，会有大量专家参与，因此"信息社会影响"会特别大。

Rowe 等（2005）发现，多数人的观点（无论正确与否）都会对少数人的立场施加显著压力，即便是当他们的观点是不合理的。Bolger 等（2011）也证实了这个结果，他们发现持有不同观点的少数成员更可能改变他们的立场，从而导致的结果收敛并不利于精确度的改善，他们甚至得出"大多数人的观点强烈影响了小组成员观点的改变"的结论。显然德尔菲法的组织部门必须意识到从众效应可能对德尔菲法的结果产生本质影响，虽然匿名性可以限制从众过程（Postmes & Lea，2000；Tsikerdekis，2013），但德尔菲迭代过程中观点的收敛并不意味着精确度的提高（Rowe et al.，2005）。

二、信念坚持

信念坚持指的是决策制定者过于看重自己的不确定判断可获得的建议（Bonaccio & Dalal，2006），类似于锚定的人在一定程度上不关注新的信息，没有意愿改变偏离真实值的原有观点。在这种极端的形式下，信念坚持意味着完全集中于自己的原有评估结果，忽视任何形式的建议和新的信息（Yaniv & Milyavsky，2007）。

关于信念坚持的第一种解释是两种心理机制的对立。一方面，人们需要一定程度的信念上的稳定性，以利用过去经验的优势（Drake，1983），同时，人们看重一致性，认为它是理性的基石（Nickerson，1998）。另一方面，信念上一定程度的灵活性是必须的，这有益于获取新的经验和信息（Drake，1983），显然，维持一个确立的观念是普遍的倾向。在这种情况下，人们不愿意承认自己先前的输入是不准确的，导致人们选择那些与他们初始评估相一致的信息（Windschitl et al.，2013；Rabin & Schrag，1999），忽视了那些关于他们初始评估不准确的证据（Kauko & Palmroos，2014）。此外，他们理解在某种程度支持他们信念的信息（Nickerson，1998），并不信任那些对立的信息（Kulik et al.，1986）。

关于信念坚持的第二种解释是信息不对称性。虽然在外部看来，决策者最初的评估和建议者的评估可能是一样的，但这并不是决策者的观点（Yaniv & Milyavsky，2007）。决策者关于他们自己的评估具有充分的理由，但不完整，若想完整，则需要洞察建议者的设想（Yaniv & Kleinberger，2000；Yaniv，2004；Yaniv & Milyavsky，2007；Bolger & Wright，2011）。

关于信念坚持的第三种解释是唯我主义（Yaniv & Kleinberger，2000；Yaniv & Milyavsky，2007），它假设"决策者坚持默认的信念，对于其所持的判断具有天生的优越性"（Bolger et al.，2011）。心理学上的解释是，人们这样做是为了保护自我意识（Nickerson，1998），显得与社会环境一致，并且维护了自尊（Yaniv & Milyavsky，2007）。一些论证说明唯我主义可能发生在与专家一起工作时，因意识到专家的地位，可能特别不愿意承认自己之前的评估大多数是不正确的（Kauko & Palmroos，2014）。

论证反馈是一个好的方法，德尔菲法的组织部门应全程审查参与者的论证，并删除没有提供任何信息的输入（Bolger et al.，2011）。如果德尔菲法的管理者成功地将高质量的论证用作反馈，这将抵御上述论述的一些信念坚持机制。由于评估结果的质量很大程度上依赖于判断过程中考虑的信息的多样性（Kray & Galinsky，2003），因此，鼓励参与者思考可替代的假定和对立的论证是增加判断准确性和减弱信念坚持的有效方法（Nickerson，1998）。减弱信念坚持的方法是间断性的交流，即以间断的方式提供反馈（Hernandez & Preston，2013），他们认为"与间断交流相关的努力可以促成一个对信息自身更具分析的和批判的过程"（Hernandez & Preston，2013；Oppenheimer，2008；Alter & Oppenheimer，2008）。虽然间断的方式在模拟环境中有较好的效果，但在预测实践中，我们也不建议德尔菲法的管理者以间断的方式提供反馈，因为这可能导致疲劳的增加，增加调查弃答率而不是增加准确性。

第三节　导致意见调整的因素

在两轮德尔菲法的调查过程中，参与问卷调查的专家评估所在领域的关键技术的主要指标共有 18 个（具体详见第三章），限于篇幅，这里重点选取了三个类型的指标，包括：①基于技术发展现状的评估指标，如该技术在我国的研发基础、技术研发受到国外专利制约程度；②基于时间的指标，如技术产业化或社会效益的实现时间、未来 5 年能否形成自主知识产权；③对技术未来发展状态的评价指标，如该技术产业化的成本、该技术产业化的前景。从不同维度考量专家多元化对观点变化的影响因素以及不同的情境会有怎样的不同表现。

一、方法设计与描述统计

在两个回合之间，对每个指标的响应（即观点）的变化被测量为选择响应的李克特量表上的绝对变化，并且在本书中将其用作因变量。此外，对因变量进行了二分法衡量：在两轮调查中，意见没有变化设为 0，意见发生变化则为 1。为了保护因变量与第一轮响应的独立性，选择了二项式的因变量而不是多个名义或序数形式，这是因为我们对第一轮的意见和方向都不感兴趣，我们的兴趣仅集中在两轮之间是否发生了意见变化。

这里我们主要评估第二轮反馈给小组成员的信息的影响，以及各种小组成员对人口统计和专业知识变量（即背景变量）对观点改变的自定义属性的影响。反馈信息包括描述性统计信息（均值和标准差）以及上一轮参与调查的小组成员给出的选择论据。此外，小组成员还被要求由他们的共同小组成员对提出的理由发表意见。根据反馈信息形成解释性变量，即寻求共识的行为，衡量方法是小组成员重新评估的意见与第一轮回应的平均值之间的差值。小组成员的背景变量包括：人口统计学变量（年龄、性别、教育程度）；专业知识变量（职称、对本领域的熟悉程度）；专业知识领域（各个技术领域）；所属机构属性；出国经历等。年龄最初是一个连续变量，但后来变成分类变量，以提高其性能并简化分析中使用的模型。表 5-1 列出了所有解释性变量以及这些变量中观点变化的比例分布。

表 5-1　变量与描述统计

	变量	变量含义与赋值	最小值	最大值	均值	标准差
自变量	研发基础	专家在两轮调查中选项发生变化为"1"；没有变化则标注为"0"	0.000	1.000	0.038	0.191
	专利制约	专家在两轮调查中选项发生变化为"1"；没有变化则标注为"0"	0.000	1.000	0.036	0.187
	产业化或效益实现时间	专家在两轮调查中选项发生变化为"1"；没有变化则标注为"0"	0.000	1.000	0.033	0.179
	知识产权时间	专家在两轮调查中选项发生变化为"1"；没有变化则标注为"0"	0.000	1.000	0.040	0.195
	产业化成本	专家在两轮调查中选项发生变化为"1"；没有变化则标注为"0"	0.000	1.000	0.047	0.211
	产业化前景	专家在两轮调查中选项发生变化为"1"；没有变化则标注为"0"	0.000	1.000	0.041	0.199
因变量　人口特征	性别	男=1；女=0	0.000	1.000	0.899	0.301
	年龄	≤40 岁=1；41~49 岁=2；≥50 岁=3	1.000	3.000	2.259	0.758
	职称	中级职称=1；副高级职称=2；正高级职称=3	1.000	3.000	2.762	0.495
	海外经历	海外留学工作一年以上为"1"；否则为"0"	0.000	1.000	0.416	0.493
机构属性	参考组为"其他"					
	高校	高校=1；非高校=0	0.000	1.000	0.429	0.495
	院所	院所=1；非院所=0	0.000	1.000	0.266	0.442
	企业	企业=1；非企业=0	0.000	1.000	0.239	0.426
反馈	研发基础	第二轮研发基础指标专家评价均值减去专家自己在第一轮的评价值	-2.222	3.000	0.004	0.703
	专利制约	第二轮专利制约指标专家评价均值减去专家自己在第一轮的评价值	-2.938	2.857	-0.013	0.924

变量			变量含义与赋值	最小值	最大值	均值	标准差
因变量	反馈	产业化或效益实现时间	第二轮产业化或效益实现时间指标专家评价均值减去专家自己在第一轮的评价值	-2.250	3.679	0.013	0.793
		知识产权时间	第二轮知识产权时间指标专家评价均值减去专家自己在第一轮的评价值	-1.615	3.500	0.180	0.813
		产业化成本	第二轮产业化成本指标专家评价均值减去专家自己在第一轮的评价值	-2.462	3.033	0.012	0.907
		产业化前景	第二轮产业化前景指标专家评价均值减去专家自己在第一轮的评价值	-2.200	3.738	0.002	0.827
		重要性	很重要=5；较重要=4；重要=3；一般=2；不重要=1	1.000	5.000	4.317	0.723
		熟悉程度	很熟悉=5；较熟悉=4；熟悉=3；一般=2；不知道=1	1.000	5.000	3.471	1.081

根据本书的研究思路，我们将计量模型设计为二元选择模型，为了使观点变化的变量 y 的预测值总是介于 [0，1]，在给定 x（表示影响观点变化判断的各类因素）的情况下，考虑 y 的两点分布概率：

$$\begin{cases} P(y=1|x)=F(x，\beta) \\ P(y=0|x)=1-F(x，\beta) \end{cases} \tag{5-1}$$

众所周知，二元选择模型由于存在异方差性以及被解释变量取值范围的限制，不能简单采用普通最小二乘法进行估计。通过选择合适的函数形式 $F(x，\beta)$，可以保证 $0 \leqslant y \leqslant 1$，并将 y 理解为 "$y=1$" 发生的概率，$E(y|x)=1 \times P(y=1|x)+0 \times P(y=0|x)=P(y=1|x)$，即以 x 为条件，专家作出意见调整的概率。

如果 $F(x, \beta)$ 为逻辑分布的累积分布函数，采用二元 Logit 选择模型，则：

$$P(y=1|x)=F(x, \beta)=\Lambda(x'\beta)\equiv\frac{\exp(x'\beta)}{1+\exp(x'\beta)} \tag{5-2}$$

如果 $F(x, \beta)$ 为标准正态累积分布函数，采用二元 Probit 选择模型，则：

$$P(y=1|x)=F(x, \beta)=\Phi(x'\beta)\equiv\int_{-\infty}^{(x'\beta)}\phi(t)\,\mathrm{d}t \tag{5-3}$$

考虑到离散被解释变量的特点，通常不宜用 OLS 进行回归，一般采用极大似然估计法。模型（5-2）和模型（5-3）有很多相似之处，结论差别不大，本书限于篇幅，仅选择 Logit 模型的结果报告。

二、观点变化的影响因素分析

实证分析结果如表 5-2、表 5-3 和表 5-4 所示，Pseudo R^2 值并不高，但是 LR 统计量对应的 p 值均为 0.00，故所有模型分析中系数（除常数项外）的联合显著性都很高。考虑到领域技术类别可能对专家观点变化产生影响，我们对所有模型的技术因素进行了控制。

（1）对研发基础和知识产权限制的判断变化。

表 5-2 中模型（1）、模型（2）、模型（3）针对专家对于研发基础判断意见变化的回归分析可以看到，专家的意见受到职称、海外经历的影响比较明显。具体来说，在控制其他因素影响的情形下，职称越高，越容易作出意见变化的意思表示。职称变量的系数在 1% 的水平上显著为正，表明职称每提高一个等级，对初始意见作出改变的可能性是上一级别职称的 2.3 倍左右。具有海外留学、工作经历的专家倾向于保持原来的意见，不会轻易地更改自己的判断，相对于缺少海外留学工作经历的专家，改变判断意见的可能

表 5-2 研发基础和专利制约专家意见变化的二元 Logit 回归结果

		研发基础						专利制约				
		模型(1)		模型(2)		模型(3)		模型(4)		模型(5)		模型(6)
	变量	系数值	Odds ratio	系数值	Odds ratio	系数值	Odds ratio	系数值	Odds ratio	系数值	Odds ratio	系数值	Odds ratio
客观多样性	性别	-0.276** (0.118)	0.758	-0.273** (0.118)	0.761	-0.256** (0.119)	0.774	-0.387*** (0.080)	0.679	-0.387*** (0.080)	0.679	-0.394*** (0.119)	0.674
	年龄	-0.052 (0.061)	0.949	-0.051 (0.061)	0.949	-0.045 (0.061)	0.956	0.516*** (0.069)	1.676	0.512*** (0.116)	1.668	0.513*** (0.069)	1.671
	高校	0.129 (0.169)	1.138	0.136 (0.169)	1.146	0.117 (0.169)	1.124	0.053 (0.174)	1.054	0.053 (0.174)	1.054	0.034 (0.174)	1.034
	院所	-0.068 (0.171)	0.934	-0.067 (0.171)	0.935	-0.083 (0.171)	0.919	-0.091 (0.177)	0.913	-0.095 (0.177)	0.909	-0.106 (0.177)	0.899
	企业	-0.006 (0.174)	0.994	-0.003 (0.173)	0.997	0.040 (0.174)	1.041	0.451*** (0.170)	1.570	0.447*** (0.170)	1.563	0.461*** (0.170)	1.586
	职称	0.843*** (0.128)	2.324	0.845*** (0.128)	2.327	0.837*** (0.128)	2.309	0.355*** (0.114)	1.426	0.355*** (0.114)	1.426	0.347*** (0.114)	1.415
	出国	-0.353*** (0.088)	0.703	-0.354*** (0.088)	0.702	-0.361*** (0.088)	0.696	-0.279*** (0.091)	0.756	-0.270*** (0.090)	0.759	-0.280*** (0.091)	0.755

变量		研发基础 模型(1) 系数值	模型(1) Odds ratio	模型(2) 系数值	模型(2) Odds ratio	模型(3) 系数值	模型(3) Odds ratio	专利制约 模型(4) 系数值	模型(4) Odds ratio	模型(5) 系数值	模型(5) Odds ratio	模型(6) 系数值	模型(6) Odds ratio
主观多样性	均值减一			0.065 (0.054)	1.068	0.125** (0.056)	1.133			0.058 (0.043)	1.060	0.053 (0.043)	1.054
	熟悉					0.018 (0.040)	1.018					0.044 (0.039)	1.045
	重要性					0.308*** (0.063)	1.362					0.084 (0.061)	1.088
常数项		-4.606*** (0.503)	0.009	-4.611*** (0.502)	0.010	-5.943*** (0.566)	0.003	-4.313*** (0.449)	0.013	-4.302*** (0.448)	0.013	-4.759*** (0.509)	0.008
技术因素		控制		控制		控制		控制		控制		控制	
Log likelihood		-2887.520		-2886.807		-2872.327		-2748.957		-2748.030		-2745.727	
LR chi²		189.40		190.83		219.79		245.24		247.10		251.70	
Pseudo R²		0.032		0.032		0.037		0.043		0.043		0.040	

注：括号内为估计参数值的标准差；*、**、***分别表示在10%、5%、1%的水平上显著。

表 5-3　知识产权实现和经济或社会效益实现时间专家意见变化的二元 Logit 回归结果

	变量	知识产权实现时间						效益实现时间					
		模型（1）		模型（2）		模型（3）		模型（4）		模型（5）		模型（6）	
		系数值	Odds ratio	系数值	Odds ratio	系数值	Odds ratio	系数值	Odds ratio	系数值	Odds ratio	系数值	Odds ratio
客观多样性	性别	-0.217* (0.118)	0.805	-0.270*** (0.119)	0.763	-0.272** (0.121)	0.762	-0.593*** (0.115)	0.553	-0.686*** (0.114)	0.504	-0.550*** (0.123)	0.577
	年龄	0.109* (0.059)	1.115	0.110* (0.060)	1.117	0.113* (0.060)	1.119	-0.121* (0.065)	0.886	-0.073 (0.064)	0.929	-0.015 (0.065)	0.985
	高校	-0.556*** (0.137)	0.573	-0.546*** (0.137)	0.579	-0.562*** (0.138)	0.569	0.021 (0.166)	1.022	0.099 (0.153)	1.104	0.386** (0.175)	1.471
	院所	-0.792*** (0.141)	0.453	-0.816*** (0.142)	0.442	-0.828*** (0.143)	0.437	-0.685*** (0.179)	0.504	-0.579*** (0.168)	0.561	-0.303# (0.188)	0.738
	企业	-0.852*** (0.146)	0.426	-0.738*** (0.148)	0.478	-0.719*** (0.148)	0.487	-0.349** (0.175)	0.705	-0.249 (0.159)	0.779	0.215 (0.187)	1.240
	职称	0.154# (0.096)	1.167	0.174* (0.098)	1.191	0.172* (0.097)	1.188	0.121 (0.103)	1.129	-0.167** (0.079)	0.846	0.158 (0.106)	1.171
	出国	-0.262*** (0.086)	0.769	-0.251*** (0.086)	0.777	-0.255*** (0.086)	0.775	-0.346*** (0.094)	0.708	-0.422*** (0.095)	0.656	-0.412*** (0.095)	0.664

| | | 知识产权实现时间 | | | | | | 效益实现时间 | | | | | |
| | | 模型 (1) | | 模型 (2) | | 模型 (3) | | 模型 (4) | | 模型 (5) | | 模型 (6) | |
	变量	系数值	Odds ratio	系数值	Odds ratio	系数值	Odds ratio	系数值	Odds ratio	系数值	Odds ratio	系数值	Odds ratio
主观多样性	均值减一			0.569*** (0.043)	1.766	0.582*** (0.044)	1.789			0.773*** (0.043)	2.166	0.838*** (0.044)	2.313
	熟悉					0.026 (0.039)	1.026					0.056 (0.042)	1.057
	重要性					0.099* (0.057)	1.105					0.217*** (0.065)	1.242
常数项		-2.134*** (0.415)	0.118	-2.181*** (0.419)	0.113	-2.653*** (0.479)	0.070	-1.556*** (0.435)	0.211	-2.984*** (0.447)	0.051	-3.481*** (0.522)	0.031
技术因素		控制		控制		控制		控制		控制		控制	
Log likelihood		-2983.106		-2899.666		-2897.404		-2564.453		2417.223		-2392.103	
LR chi^2		171.51		338.39		342.91		214.87		5549.09		559.57	
Pseudo R^2		0.028		0.055		0.056		0.040		0.000		0.105	

注：括号内为估计参数值的标准差；*、**、*** 分别表示在 10%、5%、1% 的水平上显著，#表示接近 10% 的显著性水平。

表 5-4 产业化成本和产业化前景专家意见变化的二元 Logit 回归结果

变量	产业化成本						产业化前景					
	模型 (1)		模型 (2)		模型 (3)		模型 (4)		模型 (5)		模型 (6)	
	系数值	Odds ratio	系数值	Odds ratio	系数值	Odds ratio	系数值	Odds ratio	系数值	Odds ratio	系数值	Odds ratio
性别	-0.445*** (0.101)	0.641	-0.436*** (0.102)	0.646	-0.422*** (0.103)	0.656	-0.279** (0.112)	0.756	-0.209* (0.117)	0.811	-0.181 (0.120)	0.834
年龄	0.259*** (0.057)	1.296	0.265*** (0.058)	1.304	0.272*** (0.057)	1.312	0.030 (0.059)	1.030	0.056 (0.061)	1.057	0.073 (0.061)	1.075
高校	-0.511*** (0.136)	0.599	-0.482*** (0.136)	0.617	-0.539*** (0.137)	0.583	-0.834*** (0.133)	0.434	-0.567*** (0.137)	0.567	-0.593*** (0.138)	0.552
院所	-0.669*** (0.140)	0.512	-0.676*** (0.141)	0.508	-0.717*** (0.141)	0.488	-1.067*** (0.138)	0.344	-0.864*** (0.143)	0.421	-0.878*** (0.144)	0.415
企业	-0.136 (0.132)	0.873	-0.176*** (0.133)	0.838	-0.143 (0.134)	0.867	-0.524*** (0.134)	0.592	-0.377*** (0.139)	0.686	-0.307** (0.140)	0.736
职称	0.232** (0.091)	1.261	0.202** (0.092)	1.224	0.190** (0.092)	1.210	0.571*** (0.106)	1.769	0.622*** (0.108)	1.863	0.612*** (0.108)	1.845
出国	-0.105 (0.079)	0.901	-0.088 (0.080)	0.915	-0.094 (0.080)	0.910	-0.101 (0.084)	0.904	-0.116 (0.084)	0.890	-0.134 (0.086)	0.875
客观多样性												

续表

变量		模型（1）系数值	模型（1）Odds ratio	模型（2）系数值	模型（2）Odds ratio	模型（3）系数值	模型（3）Odds ratio	模型（4）系数值	模型（4）Odds ratio	模型（5）系数值	模型（5）Odds ratio	模型（6）系数值	模型（6）Odds ratio
				产业化成本				产业化前景					
主观多样性	均值减一			0.429*** (0.040)	1.535	0.400*** (0.040)	1.492			0.748*** (0.041)	2.113	0.846*** (0.043)	2.330
	熟悉					0.051 (0.035)	1.052					0.072* (0.038)	1.075
	重要性					0.351*** (0.059)	1.421					0.347*** (0.060)	1.415
常数项		-2.979*** (0.399)	0.051	-3.020*** (0.403)	0.049	-4.619*** (0.469)	0.010	-4.089*** (0.530)	0.017	-4.591*** (0.537)	0.010	-6.281*** (0.595)	0.002
技术因素		控制		控制		控制		控制		控制		控制	
Log likelihood		-3347.621		-3289.227		-3263.768		-3031.179		-2868.290		-2844.173	
LR chi²		242.80		359.59		410.51		271.75		597.53		645.76	
Pseudo R²		0.035		0.052		0.059		0.043		0.094		0.102	

注：括号内为估计参数值的标准差；*、**、***分别表示在10%、5%、1%的水平上显著。

性下降30%左右。加入第一轮专家判断的影响因素，专家在第二轮判断过程中，会根据第一轮专家意见结果并结合自己的初始判断综合考量。从模型（3）的回归结果可知，如果控制其他因素的影响，第一轮专家意见的结果对专家意见变化具有显著的正向作用，即专家看到大家的意见后，提高了改变自己初始意见的可能性。

表5-2中模型（4）、模型（5）、模型（6）是专家针对技术发展受到国际专利制约程度判断意见变化的回归分析。除了性别、年龄等一些相关控制变量以外，来自企业的专家更改意见的概率是非企业专家的1.5倍以上。而专家是否来自企业对于研发基础的判断几乎没有什么影响。职称、海外经历因素对专家作出国际专利制约程度意见变化可能性的影响与其对于专家研发基础判断意见变化的影响方向一致。在控制其因素影响的情况下，职称变量对专利制约程度的意见变化具有显著的正向影响，表明随着职称等级的提升，对意见作出改变的概率也会增加，即职称每提升一个等级，意见发生变化的可能将提高40%以上。值得注意的是，第一轮专家意见的结果反馈并没有对专家国际专利制约程度判断意见的变化产生明显的影响。

（2）对知识产权实现时间和产业化效益实现时间的判断变化。

表5-3显示了各因素对时间跨度判断意见变化的回归分析结果。模型（1）、模型（2）、模型（3）结果表明，专家的高校属性变量回归系数为负且在1%的水平上显著，即专家来自高校会降低其作出意见改变的概率，具体来说高校专家在第二轮调查中改变初始意见的可能性要比非高校专家低45%左右。同样地，来自院所、企业的专家也具有类似的倾向，即专家的院所和企业属性降低了其改变初始意见的概率。职称变量的回归系数显著为正，表明职称每提高一个等级，对改变初始意见都具有较为明显的正向推动作用，也就是说，意见变化的概率将显著提升。表征专家海外留学、工作经历的变量（出国）的系数显著为负，意味着海外经历有助于专家坚持自己对

知识产权实现时间的看法。专家拥有海外经历比没有海外经历对知识产权实现时间意见变化的可能性要降低 33% 左右。从模型（3）的回归结果还可知，如果控制其他因素的影响，第一轮专家意见结果对专家意见变化具有显著的正向作用，即专家看到其他人的综合意见后，对比自己的初始意见，易作出改变初始意见的行为，显著提升了意见变化的概率。

表 5-3 中模型（4）、模型（5）、模型（6）显示了专家对关键技术的产业化和社会效益时间判断变化的回归分析结果。不难发现，在控制其他因素的情况下，来自院所的专家作出产业化和效益实现时间判断的意见变化，比非院所专家的可能性要低 22%~50%。专家的企业属性在加入第一轮专家意见等因素后，对意见改变的影响变得不再显著。而来自高校的专家在加入这些因素后，影响由不显著变成显著为正，即高校专家作出产业化和社会效益时间判断变化的可能性是非高校专家的 1.471 倍。与专家对知识产权实现时间判断意见的变化类似，如果控制其他因素的影响，第一轮专家意见的结果对专家意见变化具有显著的正向作用，即专家看到其他人的综合意见后，对比自己的初始意见，易作出改变初始意见的行为，具体而言参考第一轮专家意见后改变初始意见的可能性是不参考第一轮意见的 2 倍多。

（3）对产业化成本和产业化前景的判断变化。

影响专家对产业化成本和产业化前景判断意见变化的各因素回归结果如表 5-4 所示。模型（1）、模型（2）、模型（3）报告了产业化成本判断意见变化的影响情况。专家的高校属性变量回归系数为负且在 1% 的水平上显著，表明专家来自高校会降低其作出意见改变的概率，即高校专家在第二轮调查中改变初始意见的可能性要比非高校专家低 60% 左右。同样地，来自院所、企业的专家也具有类似的倾向，即专家的院所和企业属性降低了其改变初始意见的概率。职称变量的回归系数显著为正，表明职称每提高一个等级，对改变初始意见都具有较为明显的正向推动作用，也就是说，职称每提高一个等级，对初始意见作出改变的可能性是上一级别职称的 1.2 倍以上。不同于对知识产权或产业化（社会效益）实现时间判断变化的影响，专家海外留学工作经历在两轮调查之间对于产业化成本估计的变化影响不再显著。从模型（3）的回归结果可知，如果控制其他因素的影响，第一轮专家意见结果对专家意见变化具有显著的正向作用，即专家看到其他人综合意见后，对比自己的初始意见，易作出改变初始意见的行为，显著提升了意见变化的概率。

表 5-4 中模型（4）、模型（5）、模型（6）报告了产业化前景判断变化的影响情况。与产业化成本判断意见变化的影响类似，专家的高校属性、院所属性和企业属性都对降低意见变化的可能性具有显著贡献，而职称等级的提升则有助于提升意见变化的概率，即职称越高，专家越倾向于改变初始意见。如果控制其他因素的影响，第一轮专家意见结果对专家意见变化同样具有显著的正向作用，即第二轮专家看到第一轮专家的意见反馈后，对比自己的初始意见，易作出改变初始意见的行为，而且参考第一轮专家意见后改变初始意见的可能性是不考虑第一轮专家意见的 2 倍多。

第四节　意见调整再认识

一、进一步的讨论

尽管大家都比较认可德尔菲法研究中的小组成员应该由拥有与被调查问题相关的专业意见和知识的专家组成（Powell, 2003；Trevelyan et al., 2015），同时也认为参与者的个人背景特征的多样性以及与他们的有关经验在一定程度上是有益的（Forster & Von der Gracht，2014；Hussler et al.，2011）。研究表明，这种多样性可以使小组成员的技能和观点具有更大的可变性，从而确保观点来自多个独立来源（Forster & Von der Gracht，2014）。

这部分的研究主要探索在德尔菲法调查过程中的专家意见调整行为，特别关注专家背景以及受控反馈对参与者回答的影响。研究发现相较于女性专家而言，男性专家会表现出更高的自信心。通过所有的模型分析可以发现，专家性别变量系数均为负数，表明男性专家不会轻易做出对既有判断的改变。这与 Makkonen 等（2016）的研究结论不同，他们未发现证据表明性别对观点调整具有解释力，这是否与专家判断的评价对象有关，还有待进一步的观察。具有海外留学、工作经历的专家对于技术发展现状及时间跨度的判断倾向于保持原来意见，不会轻易更改自己的判断，海外经历有助于专家坚持自己对知识产权实现时间的看法，相对于缺少海外留学工作经历的专家，改变判断意见的可能性有明显下降。

受控反馈是德尔菲法的基本特征，多项研究表明，反馈会影响参与者的意见调整，尽管影响部分取决于信息来源的重要性（Harman et al.，2015；Turnbull et al.，2018），但参与者倾向于遵循多数意见（Makkonen et al.，2016；Meijering & Tobi，2018；Rowe et al.，2005；Scheibe et al.，1975）。但本书研究结果显示，参与专家对不同评价对象具有不同的反馈影响，在第一轮对于技术发展现状和时间跨度的判断，对第二轮专家意见变化有显著的正向作用，即专家看到大家的意见后，对比自己的初始意见，易作出改变自己初始意见的行为，显著提升意见变化的概率，但对于技术发展未来变化的判断，这个影响可以忽略，并没有发现统计意义上的显著影响关系。

企业专家对于判断结果做出意思改变的影响，和评价对象紧密相关。具体来说，对于技术知识产权实现时间和产业化前景的判断有明显负向作用，不会轻易做出改变看法的行为。但对于技术专利制约竞争态势的判断，企业专家相对于其他专家，会显著提高改变意见的概率。专家的熟悉程度对所有的变量不敏感。专家对技术的熟悉程度对专家意见并没有显著的影响。在实际调查过程中，从专家意见改变意愿角度来说，核心专家和外部专家并没有明显的差别，而 Dalkey（1975）在比较专家和非专业人士之间的意见后发现，专家对其原始观点更有信心，即使得到了矛盾的判断的反馈，也不愿意改变他们的观点。

二、几点启示

与其他小组研究方法（如焦点小组）相比，尽管德尔菲法能够更好地避免决策过程中的从众压力，但从众效应似乎在一些具有一定人口特征的参与者或是受到特定的受控反馈后的回答中发挥了作用。专家共识的受控反馈效应与作为反馈与参与者共享的共识程度之间的关系如何，不得而知。有研究认为，专家之间获得的受控反馈，只有在整个小组中有强大的支持时，参与者的观点才倾向于转向多数意见；反之，如果认为小组共识的水平强烈表明小组的一致性时，则参与者更有可能改变他们的观点并停止支持多数意见（Maite et al.，2021）。

缓解从众效应最主要的做法是反馈信息的结构，由此带来的信息会促使参与者在一个方向或其他方向改变他们的观点（也可能不改变观点），反馈必须提供关于准确答案位置的线索，仅是加入统计信息值得商榷，因为数字化的反馈几乎总是提供一个共识的指标，它是一个让大家意见一致的指标而不是使结果更精确的指标（Bolger & Wright，2011）。如果参与者看不到任何指标的均值、中值或一致性的数据，他们就不太可能陷入从众效应。异常值，即那个最挑战常规思想的评估（Bolger & Wright，2011），不太可能被忽略、去除或将它认定为错误的观点改变，因为不容易观察到它们是异常的。

我们也要看到，这会影响共识的形成，但我们并不认为共识是德尔菲法研究的一个恰当的目的（Woudenberg，1991），特别是本书中提及的未来取向的德尔菲法研究。当然，许多学者认为共识是值得寻求的，缺少共识是不受欢迎的（Elliott et al.，2010；Von Der Gracht，2008），但要注意共识和精度之间的权衡（Janis，1973；McAvoy et al.，2013），作为预测组织部门，要争取小组观点的稳定性，允许存在有益的异议（Rowe et al.，2005）。

　　目前，分析的一个主要优势是，大样本（来自 17 个领域的专家数据分析），每个专家在被评估的问题上都有丰富的经验。这种专家调查的有效性在一定程度上弥补了实验研究的不足，正如一些学者指出的那样，德尔菲法的一些实验研究是从学生样本中得出的结论，与拥有丰富经验知识的专家调查相比，差异很大。另一个优势是，大的样本量和多种类因变量设计，使我们能够对不同的专家群体对不同评价对象的回答模式有较为全面的评价分析。

　　但是，本书的研究还存在一些潜在的局限性。尽管在德尔菲法研究中经常使用有关小组不同评价量表统计结果作为受控反馈形式，但这种措施还需要通过检验其他类型反馈的影响来证实，例如，对其他趋势的反馈进行度量，如集中趋势和分散度（百分比、中位数、四分位数范围等），甚至是统计信息与论证信息的混合。另外，本书研究发现参与者的人口和社会特征确实存在一定的影响，但本书仍无法洞悉专家们为何改变其意见。即使在达成更大共识的情况下，并不意味着使用德尔菲法就能提高预测的准确性，还需要进一步研究评估受控反馈的效应。

第六章　专家的评价倾向

　　技术预测作为制定科技政策的一项工具，所揭示的未来愿景或科技发展优先选项必须反映经济发展与社会变迁的复杂性，并将无法事前完全预知的一些可能性议题纳入考量，也就是说，技术预测并非产出关于未来的"科技知识"，而是科学无法验证的、对于未来的政策主张。这种对于科技未来的推测是一场审议的过程，对接下来的战略部署与行动产生引导性的影响。利用专家在专业方面的经验与知识，做出直观的判断的专家预测方法成为技术预测主流方法，而德尔菲法通过一系列调查问卷，并附以受控的意见反馈，以获取专家组最可靠的意见共识，能够利用专家专长，在现代预测活动中得到普遍应用。伴随着该预测方法的发展应用，开始有学者在讨论如何看待参与其中的专家表现。根据不同的专业知识水平进行相应的评估或预测是很有必要的，不仅应包括相关领域的高层专家，也应包括兴趣广泛的专家以及背景差异较大的专家，多元化的专家结构可以确保观点来自多个独立来源（Forster & Von der Gracht, 2014）。一般来说，自我评估较高的专家因在自己领域扎根多年，对领域情况有充分的了解，对熟悉技术方向会做出更为明显的积极评估。传统研究大部分基于实验室实验或小样本数据分析，现实世界的大样本研究的经验证据仍然很少。本章借助国家第六次国家技术预测的专家调查数据，尝试回答什么样的专家更容易做出积极评价，多元化的专家背景积极评价倾向性有何不同、程度如何等问题，以期更好完善优化预测调查中的专家群体，形成更加符合现实专家意思表示的科学判断。

第一节　预测调查中的专家

当前时代的挑战是决策和政策制定的不确定性挑战，给创新和适应快速变化的商业环境带来很大压力（Eggers，2012），为有效调整战略和在适当的时候重新分配有限资源，通过长期定位和分析来预测未来战略的能力对于决策和政策制定比以往任何时候都更加重要（Vecchiato，2012）。

一、专家与新手

专家的概念在文献中还有争议，其中之一就是专家和非专家的区别。"专家知识"一词，源于英文单词"Expertise"，也称为"专长知识""专家意见"或者"专家证言"，指专家根据专业知识与实践经验对相关问题做出的专业分析或判断。Harry 和 Evans（2002）在科学技术研究的第三波理论中，将"专家知识"定义为专家对特定科技事件的专业性认识程度，以技术标准来衡量相关知识的专业性，技术之外的因素（如政治权威、社会的民主诉求及文化差异等）均排除在外，并强调"专家知识"应该被视为一种特殊专长，与政治属性区分开来。"专家知识"被划分为"普通型的专家知识"和"专业型的专家知识"。"普通型的专家知识"是指每一名社会成员为了在社会中生存所必须掌握的知识；而"专业型的专家知识"是指与特定的科技事件或领域直接相关的、只有经过长期的专业性训练或直接的实践才能够获得的知识（王彦雨，2013）。专家和新手之间不是二分法的区别，而是发展和演变的关系（Ericssion，2006）。虽然大量基于判断的研究以谨慎和怀疑的态度处理专门知识问题（Klein et al.，2017），但专家在更广泛意义上的预测领域中的地位往往依赖于自我证据的概念。根据 Mauksch 等（2020）的说法，可以通过同行提名，或者一些专家标准相关的外部线索（如基于自我评估的打分），参考过往表现，找到合适的专家。兰德公司进行的开创性研究应用自我评分来确定基于群体的判断技术中更准确或更"精英"的组别（Kawamoto et al.，2019）。

针对未来技术发展趋势路径研判的技术预测调查，专家的挑战是从多个、不断变化的和动态的因素中汲取信息，并确定各种替代路径，而不是单一的解决方案（Shanteau，2015），通常需要多元的专家群体参与。在争议性科技决策中纳入普通公众的参与，通常被称为引进独特的"外行视角"，但"外行视角"自身存在的矛盾性很难对其进行精确的定义。Goldman（2001）阐释了专长对传统哲学提出的挑战，将"外行视角"等同为"新手"，并承认对"新手—专家"的协同分析能够产生处理问题更理性的方式。"外行视角"弥补了"专家知识"的局限性与条件的制约性，有力地回应了专家对公众参与的目的性与能力的质疑。如果把"外行"单纯理解为缺乏技术知识与经验的人，反而忽略了个人经验、知识、技能以及其他协商资源方面的广泛差异性，模糊了推行协商计划对知识与理解的转化过程。

二、专家意见

德尔菲法主要用于那些基于模型的统计方法不可行或不可能的情况下进行判断和预测的情况。在调查过程中，专家就是否能提供最佳判断和预测，尤其是在自我评价的专业知识方面是否准确，一直存在争议。Dalkey 等（1970）、Jolson 和 Rossow（1971）、Riggs（1983）等认为，高层专家提供的判断与预测更为可靠，而 Weaver（1971）、Welty（1972）、Linstone（1978）等研究认为并没有明显的差别，有时其关系甚至是负向的。这些研究得出的结论至少有一部分可能是由于测试程序不充分所致。这是一群具有相似知识背景的调查对象，并非严格意义上的专家，这与真正德尔菲法的调查目标（即由众多使用不同知识背景的专家评估未知事件）大相径庭。

一些更具体的研究结果清楚地表明确实存在内部人的偏见，即参与者背景以及参与行为会对评估和预见产生影响。Hussler 等（2011）、Ecken 等（2011）表明，专家在判断长期事态发展时可能会受到自私和乐观的偏见影响。Zakay（1983）的研究发现，与其他类似群体相比，专家认为自己想要的（或不想要的）生活事件更可能发生（或不发生）。Wright 和 Ayton（1992）发现了可取性（Disirability）对评估的积极影响，并强调了可取性与过度自信之间的显著正相关性，也有学者认为可能是由于过去成功预测的经历所导致（Hilary & Menzly，2006）。Shrum（1985）的研究表明，在特定领域工作的研究人员认为自己比在其他领域工作的研究人员更具创新性。专家之间的这种乐观偏见在创新程度较低和前景较差的领域中表现更为明显，因此，高级专家（在大多数情况下是内部人员）要求采取更加积极的政策来支持所在领域工作。

这些研究表明，专家的知识与专家的参与可能导致的积极乐观评价之间存在着权衡关系，可以找到几个原因来解释高层专家的积极乐观取向。"不现实的乐观"可能是由于对自己能力的高估和对自己工作固有风险的低估所致，这在风险研究中众所周知（Weinstein，1980）。感知的可控性，承诺和情感投入都会影响参与专家的观点表达。专家们对他们的项目投入很多，必然相信它的重要性和未来，他们深受结果的可取性的影响，相信自己有影响结果的能力。就此而言，高层专家会成为他们自己问题的知情拥护者，并经常表现出强烈的从属偏见。新技术的引入需要复杂的创新而不是单一的技术创新，但顶尖专家往往会通过忽视这一事实来降低复杂性，特别是对于重大创新，常常假定这一过程是平稳的并且没有严重障碍。最重要的是，技术专家往往高估了自己的技术问题的重要性，而忽视了对其他技术的依赖，以及需要组织创新来支持技术创新的需求。高层专家一般具有调动经济、社会和政治资源，实现目标的能力，进一步提升了专家的乐观情绪。日本专家自认为在纳米技术方面处于领先地位，而德国和法国专家则将其排在美国之后，位居第二；德国专家将自己排在法国的前面，而法国专家则将自己排在德国的前面。

当然，我们不能将拥有更多专业知识的专家的乐观偏见与对长期技术预测的潜在过度乐观现象相混淆。尤其是在 20 世纪 60 年代，未来主义流行，盛行技术乐观主义，这些被严肃的媒体和受过教育的公众广泛接受（Avison & Nettler，1976；Albright，2002）。Albright（2002）研究发现，乐观偏见在计算机和通信领域的预测中不那么明显，因为预测可能更多地基于基础技术的持续发展趋势。人们对自己和他人的信息加工时所分配的注意力也是不一样的，人们倾向于将注意力放在自己身上，从而影响对未来事件的判断。这种关注于自我的倾向能够解释以自我作为中心时的乐观偏差（岑延远，2016）。

总体来看，对于问卷调查过程中的专家表现研究已经引起广大学者和实践部门的重视，但从文献整理可以看出，以往研究所面对的样本量少、专家群体和调查议题比较单一、领域覆盖面狭窄等问题依然存在，可能无法反映专家群体的真实状况，需要从更大范围、更广视角去评价专家的这种倾向性表现，为优化专家调查结构提供依据。

第二节　积极评价倾向

第六次国家技术预测专家覆盖面广、涉及领域众多，为研究评价专家的评价倾向问题提供了很好的素材。

一、研究设计与专家分类

本次技术预测强调定性与定量方法相结合、主观与客观方法相结合的方法理念，综合运用了德尔菲法、文献计量、专家会议、国际比较等研究方法。预测前期准备阶段，课题组梳理分析了美国、日本、德国、英国等国家技术预测的组织方式和调查结果分析处理经验，派研究人员去德国、英国、日本进行交流访问，请美国、德国、日本、俄罗斯等国外专家和同行对我国技术预测的调查方法、调查指标、分析方法等进行评价并提出建议。调查问卷指标体系主要涉及 20 多个方面，本书选取了"重要性""竞争力""研发基础"三个指标进行比较分析，既有对现在研发基础的评价，也有对未来能否形成竞争力的判断，同时也有整体考量视角的重要性判断（见表 6-1）。在第六次国家技术预测研究中，对关键技术进行调查的问题回答选项采用的是李克特量表，要求受测者对一组与测量主题有关的陈述语句发表自己的看法，对每一个与态度有关的陈述语句表明他同意或不同意的程度。

表 6-1　主要指标选择

问题	答复
对我国基本实现社会主义现代化目标的重要性	很大、较大、一般、较小、没有
该技术对提高国际竞争力的作用	很大、较大、一般、较小、没有
该技术在我国的研发基础	很好、较好、一般、较差、没有

在备选技术清单产生过程中，认真学习了日本等国家在制定研究框架、设计技术路线、协调专家系统、组织调查工作等方面的经验；设计德尔菲法问卷指标体系时充分考虑到指标的国际可比性；德尔菲法问卷调查过程中与国内外著名智库、大学的科技预测与评价专家进行咨询，对第一轮的备选技术进行修改和补充，并对两轮预测的结果进行研究讨论。本书主要依据德尔菲法调查中第二轮专家调查统计数据进行分析，具体问卷反馈信息见第三章表 3-2。

长期预测比较复杂，它的客观难度在于其各种主要因素对事物发展特点的影响期限在 5 年、10 年甚至 15 年以上，只有在拥有能系统地提供可靠情报的情报源时，这种困难才能克服，这种情报源包括在所要研究的专业范围或其边缘学科范围内具有渊博知识的主要专家和专业人员。之所以将专家作为关键技术未来发展状况的信息源，是因为各部门的胜任专家对技术的部分或全部解决方案具有一定的理解，能在决策意义上进行主观评价，通过自己所掌握的专业知识推测各种可能的发展方案。

专家评议工作能否顺利进行，主要取决于专家咨询工作能否正确组织。技术预测中专家评议工作的重要阶段就是对专家的选择。各种专家评议法的不同特点将直接影响到对专家的综合要求。在技术预测问卷设计过程中，对于专家的评议内容包括在其专业范围内的业务水平、理论素养水平、实际经验、知识的广度、思考问题的尖锐性和身体状况等。

专家对关键技术专业知识的熟悉程度分"很熟悉、熟悉、较熟悉、一般、不熟悉"5级。"很熟悉"表明目前正在从事该技术项目研究或相关工作，专业知识十分熟悉；"熟悉"表明目前正在从事该技术项目研究或相关工作，熟悉专业知识；"较熟悉"意味着曾经从事过有关项目研究或通过相关研究工作，具有一些该项目的专业知识；"一般"是曾经看过有关该项目的文献资料，或听过有关项目的学术报告；"不熟悉"表明没有从事过与该项目相关的研究工作。本书把具有"很熟悉、熟悉"程度的专家归为核心专家，把"较熟悉、一般、不熟悉"该领域专业知识的专家归为一般专家。

二、专家分布差异

根据调查问题的李克特量表的程度划分，前两个选项的选择，如"很大、较大"或"很好、较好"，表示专家对该问题陈述的认可，而后三个选项表明调查专家对该问题持有保守态度。本书分别对"重要性""竞争力""研发基础"三个指标的专家群体分布进行统计发现，技术领域核心专家更倾向于做出正面的乐观估计。总体上，"重要性""竞争力""研发基础"三个指标的乐观估计大部分是由核心专家提供，比重分别为61.48%、54.77%和72.14%。从中也可以看出，对于当前技术水平的判断，更多的专家倾向保持乐观态度，而对未来竞争力的判断，做出乐观估计的专家比重有所下降。

从具体领域的分布情况来看，对于重要性的判断，仅有前沿交叉领域回复"较大、很大"的大部分专家是一般专家，而其他领域，核心专家更倾向认可重要性显著的判断。尤其是在食品领域，有近74%乐观估计来自核心专家，在资源、信息、空天、城镇化领域，也有超过65%的乐观估计来自核心专家，相对而言，海洋、能源、公共安全、生物、农业农村等领域，来自核心专家的乐观估计不超过65%。

从该技术未来5~15年对提高国际竞争力的作用指标来看，前沿交叉领域仅有34.73%的乐观估计来自核心专家，有近65%是由非核心专家所认同的。其中，海洋、生物领域，大部分的乐观估计也是来自一般专家，能源领域占50%。在食品、环境、城镇化等领域，有超过60%的乐观估计来自核心专家。

从表现关键技术发展现状水平的"研发基础"指标来看，城镇化、空天、环境、生物、食品领域的80%以上的乐观估计主要来自核心专家，相对而言，交通、海洋、人口健康等领域的乐观估计，有超过35%来自一般专家（见表6-2）。

表6-2 预测调查指标乐观估计的专家分布情况

领域	重要性			竞争力			研发基础		
	核心专家（位）	一般专家（位）	核心专家占比（%）	核心专家（位）	一般专家（位）	核心专家占比（%）	核心专家（位）	一般专家（位）	核心专家占比（%）
总体	14480	9072	61.48	12095	9987	54.77	3988	1540	72.14
前沿交叉	135	163	45.30	108	203	34.73	64	33	65.98
交通	328	184	64.06	291	228	56.07	81	51	61.36
能源	1276	982	56.51	1129	1113	50.36	549	281	66.14
先进制造	777	509	60.42	715	622	53.48	146	50	74.49
空天	544	252	68.34	541	404	57.25	152	31	83.06
城镇化	434	197	68.78	295	179	62.24	168	39	81.16
公共安全	1001	713	58.40	768	679	53.08	285	131	68.51
海洋	1041	942	52.50	945	1142	45.28	247	142	63.50
环境	1000	569	63.73	672	392	63.16	262	62	80.86
信息	836	440	65.52	740	520	58.73	215	67	76.24
人口健康	585	495	54.17	537	513	51.14	132	79	62.56
生物	638	454	58.42	570	639	47.15	103	18	85.12

领域	重要性			竞争力			研发基础		
	核心专家（位）	一般专家（位）	核心专家占比（%）	核心专家（位）	一般专家（位）	核心专家占比（%）	核心专家（位）	一般专家（位）	核心专家占比（%）
资源	1759	935	65.29	1134	873	56.50	530	242	68.65
农业农村	1172	796	59.55	928	735	55.80	261	86	75.22
食品	1441	508	73.94	1288	607	67.97	278	56	83.23
现代服务业	357	198	64.32	318	272	53.90	199	85	70.07
新材料	1156	735	61.13	1116	866	56.31	316	99	76.14

进一步了解乐观估计的结构，分析李克特量表中程度最高的选项主要由哪部分专家群体选择。总体上看，"重要性""竞争力""研发基础"三个指标的最乐观的估计大部分是由核心专家提供。其中，"研发基础"比例最大的专家群体是对本领域很熟悉的核心专家；"重要性"和"竞争力"占比最高的是熟悉领域专家知识的核心专家，很熟悉的核心专家群体亦有较大的占比。

从具体领域分布来看，对于研发基础的判断，现代服务业、先进制造领域，做出最乐观估计的专家群体比重最大的是熟悉专业领域的核心专家，其次是很熟悉的核心专家；其他所有领域都是很熟悉的核心专家比例最高（见图6-1）。

对于"重要性"指标的最乐观估计的专家分布情况看，仅在前沿交叉领域，占比最多的专家群体来自掌握专业知识一般的专家，其次才是很熟悉本领域的核心专家；其他领域占比最多的均来自很熟悉、熟悉本领域专业知识的核心专家。其中，先进制造、城镇化、公共安全、信息、人口健康、生物、农业农村、现代服务业、新材料等领域，熟悉的核心专家比例略高于很熟悉的核心专家（见图6-2），但对于表现未来国际竞争力的指标分析来看，

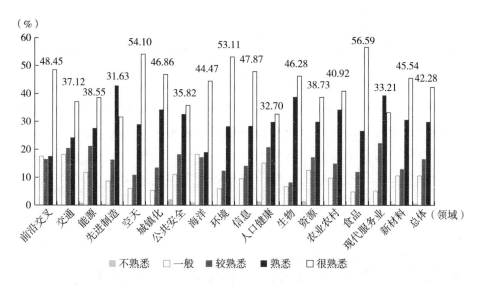

图 6-1　研发基础最乐观判断的专家分布情况

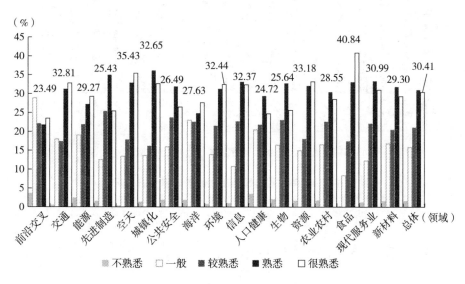

图 6-2　重要性程度最乐观判断的专家分布情况

前沿交叉、海洋领域做出最乐观估计的专家群体主要是一般专家，其次是较熟悉本领域专业知识的一般专家。交通、能源、空天、城镇化、资源、农业农村、食品、新材料领域，对本领域专业知识很熟悉和熟悉的核心专家是对该技术项目最乐观估计的主要群体；很熟悉本领域的专家在环境、资源、食品领域的比例最大。先进制造、生物、现代服务业、公共安全等领域做出最乐观估计比重最大的专家群体是熟悉本领域专业知识的核心专家，其次是较为熟悉的一般专家（见图6-3）。

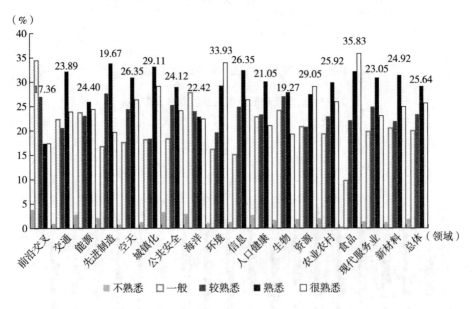

图6-3　竞争力程度最乐观判断的专家分布情况

三、积极评价的均值比较

这里的研究调查了核心专家与一般专家对于领域技术"重要性""竞争力""研发基础"的乐观估计的判断。如表6-3所示，通过 t 值检验来观测核心专家与一般专家在这些指标判断上是否存在显著的差异。在对量表进行赋值后，高分意味着更强调该技术的重要性、竞争力以及更好的研发基础。总体上看，本领域的核心专家相比于一般专家，对于三个指标的判断更持有积极的乐观估计，均值比较的 t 值为正，且 p<0.001，在统计意义上显著。除了竞争力指标下，前沿交叉和生物领域的一般专家的估计均值要高于核心专家（但两部分专家群体的均值没有统计意义上的显著性）；其他所有领域均是核心专家的判断分值高于一般专家，且有显著的差异。

表6-3　主要指标核心专家与一般专家的打分判断比较

领域	重要性			竞争力			研发基础		
	核心专家	一般专家	t 值	核心专家	一般专家	t 值	核心专家	一般专家	t 值
总体	3.518 (0.625)	3.100 (0.729)	72.344***	3.339 (0.754)	3.092 (0.794)	37.314***	2.877 (0.701)	2.576 (0.670)	51.141***
前沿交叉	3.418 (0.753)	3.176 (0.708)	4.194***	3.229 (0.798)	3.281 (0.721)	-0.864	2.831 (0.873)	2.550 (0.691)	4.409***
交通	3.434 (0.602)	2.901 (0.756)	15.140***	3.339 (0.659)	2.944 (0.758)	9.758***	2.801 (0.699)	0.258 (0.681)	6.397***
能源	3.425 (0.701)	3.028 (0.771)	20.493***	3.278 (0.834)	3.038 (0.852)	10.748***	3.036 (0.676)	2.672 (0.683)	20.205***
先进制造	3.517 (0.590)	3.168 (0.713)	14.416***	3.446 (0.636)	3.256 (0.719)	7.569***	2.640 (0.736)	2.403 (0.653)	9.135***
空天	3.398 (0.689)	2.990 (0.698)	13.949***	3.372 (0.712)	3.168 (0.741)	6.640***	2.950 (0.600)	2.682 (0.564)	10.898***
城镇化	3.399 (0.662)	2.990 (0.692)	12.682***	3.078 (0.813)	2.864 (0.767)	5.680***	2.901 (0.714)	2.587 (0.646)	9.683***

领域	重要性			竞争力			研发基础		
	核心专家	一般专家	t 值	核心专家	一般专家	t 值	核心专家	一般专家	t 值
公共安全	3.474 (0.647)	3.029 (0.788)	19.614***	3.244 (0.775)	2.934 (0.854)	12.189***	2.873 (0.694)	2.573 (0.673)	14.128***
海洋	3.537 (0.642)	3.041 (0.757)	23.069***	3.425 (0.739)	3.111 (0.789)	13.936***	2.844 (0.706)	2.560 (0.654)	13.836***
环境	3.513 (0.653)	3.135 (0.697)	16.590***	3.169 (0.858)	2.923 (0.773)	8.892***	2.804 (0.758)	2.559 (0.645)	10.327***
信息	3.546 (0.596)	3.184 (0.701)	14.521***	3.405 (0.709)	3.208 (0.758)	7.002***	2.876 (0.680)	2.612 (0.651)	10.309***
人口健康	3.487 (0.609)	3.184 (0.699)	11.338***	3.395 (0.691)	3.168 (0.753)	7.748***	2.822 (0.696)	2.469 (0.733)	12.305***
生物	3.633 (0.551)	3.311 (0.637)	12.338***	3.446 (0.793)	3.450 (0.725)	−0.116	2.805 (0.637)	2.531 (0.609)	9.954***
资源	3.593 (0.580)	3.133 (0.725)	26.652***	3.233 (0.763)	3.030 (0.804)	9.807***	2.982 (0.665)	2.678 (0.669)	17.202***
农业农村	3.604 (0.545)	3.193 (0.693)	21.447***	3.366 (0.723)	3.080 (0.767)	12.400***	2.830 (0.704)	2.502 (0.678)	15.216***
食品	3.612 (0.547)	3.231 (0.641)	18.853***	3.484 (0.666)	3.242 (0.747)	10.126***	2.806 (0.700)	2.489 (0.714)	13.399***
现代服务	3.303 (0.701)	2.906 (0.751)	11.540***	3.161 (0.796)	2.912 (0.870)	6.312***	3.001 (0.725)	2.635 (0.697)	10.780***
新材料	3.564 (0.604)	3.118 (0.702)	22.019***	3.515 (0.657)	3.165 (0.730)	16.365***	2.916 (0.680)	2.575 (0.648)	16.750***

注：括号内为估计参数值的标准差；*、**、***分别表示在10%、5%、1%的水平上显著。

四、进一步验证

1. 具体技术的差异变现

前面的分析，我们模糊了技术特征因素影响，以整个领域的专家意思表示综合考量，来区分统计核心专家与一般专家对于不同指标判断的差异情况。考虑到参与调查的具体关键技术特征可能会影响到专家的判断，我们进一步针对每项技术的核心专家与一般专家的评分均值进行比较分析，以能源领域为例，几乎每项技术，核心专家对于重要性的判断均值均高于一般专家，对研发基础和竞争力的判断亦是如此（见图6-4~图6-6）。同样，在信息领域，绝大部分的关键技术，也是核心专家的判断要高于一般专家，仅有极个别技术出现了相反的判断结果（见图6-7~图6-9）。对于未来5~15年形成国际竞争力的判断，少量关键技术，一般专家的判断要高于核心专家（对"重要性"和"研发基础"的判断，绝大多数关键技术，核心专家的判断要高于一般专家），生物领域具有类似的统计结果（见图6-10~图6-12）。对于前沿交叉领域来说，大部分关键技术的竞争力判断，一般专家做出了比核心专家更为乐观的估计（见图6-13~图6-15）。

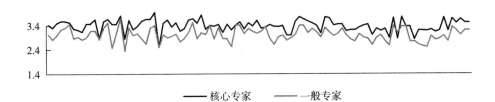

图6-4　能源领域核心专家与一般专家对于技术重要性的判断比较

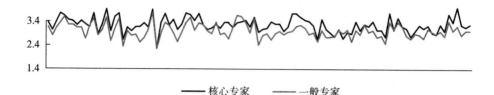

图 6-5　能源领域核心专家与一般专家对于技术国际竞争力的判断比较

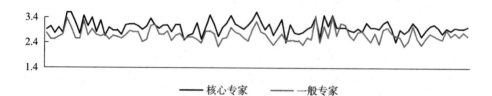

图 6-6　能源领域核心专家与一般专家对于技术研发基础的判断比较

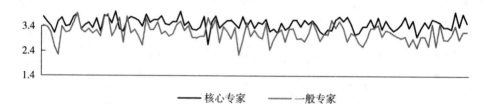

图 6-7　信息领域核心专家与一般专家对于技术重要性的判断比较

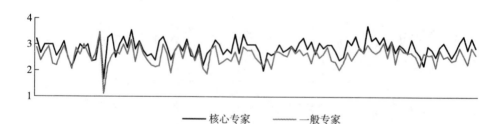

图 6-8　信息领域核心专家与一般专家对于技术研发基础的判断比较

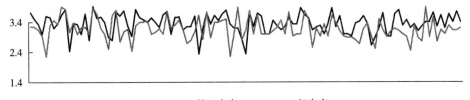

图 6-9　信息领域核心专家与一般专家对于技术国际竞争力的判断比较

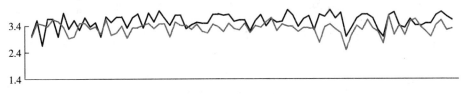

图 6-10　生物领域核心专家与一般专家对于技术重要性的判断比较

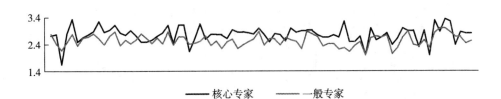

图 6-11　生物领域核心专家与一般专家对于技术研发基础的判断比较

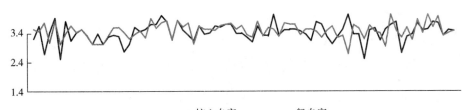

图 6-12　生物领域核心专家与一般专家对于技术竞争力的判断比较

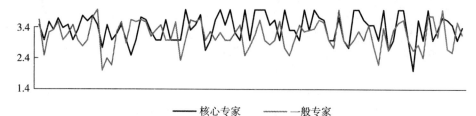

图 6-13 前沿交叉领域核心专家与一般专家对于技术重要性的判断比较

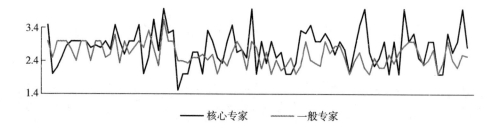

图 6-14 前沿交叉领域核心专家与一般专家对于技术研发基础的判断比较

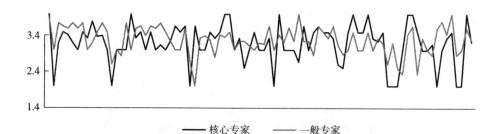

图 6-15 前沿领域领域核心专家与一般专家对于技术国际竞争力的判断比较

2. 其他指标的印证

为了降低专家在响应问卷调查过程中产生的思维定式，在设计问卷的时会设计一些程度变化相反的指标，如成本因素指标和专利制约因素指标，其分值越大，表明关键技术面临的形势更为严峻，关键技术在未来 5~15 年需要投入的成本更多，受到国际专利制约的程度更深。专家在对这两个指标做出判断的时候，打分越高，表明对于技术前景越为保守；打分越低，表明专家对于关键技术的未来发展越抱有乐观态度。同样，为了进一步消除关键技术因素影响，这里对每一项关键技术的核心专家和一般专家的打分进行统计，做均值判断的比较分析。以信息、生物、能源领域为例，大部分关键技术，核心专家的打分更低，也就是说，核心专家对于关键技术未来发展的成本因素和专利制约因素，同样抱有比一般专家更为乐观的估计（见图6-16~图6-21）。其他领域关键技术的比较分析，也印证了这一结论，限于篇幅，不再赘述。

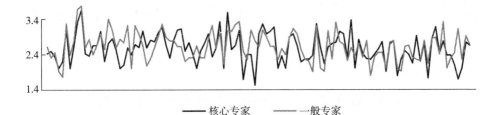

图6-16　信息领域核心专家与一般专家对于成本因素的判断比较

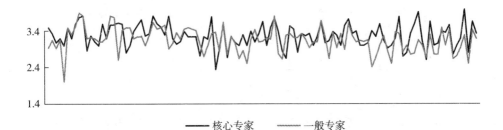

图6-17　信息领域核心专家与一般专家对于技术前景的判断比较

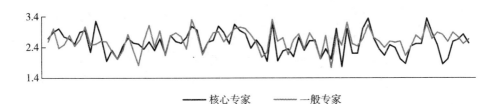

图6-18　生物领域核心专家与一般专家对于成本因素的判断比较

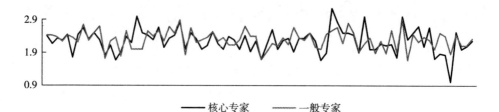

图 6-19 生物领域核心专家与一般专家对于专利制约情况的判断比较

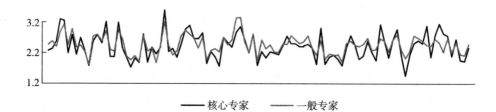

图 6-20 能源领域核心专家与一般专家对于成本因素的判断比较

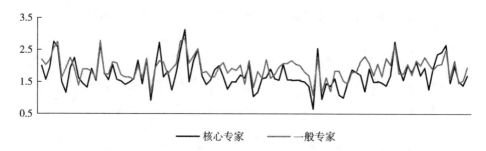

图 6-21 能源领域核心专家与一般专家对于专利制约情况的判断比较

第三节 不同机构的专家差异

不同的专家都有自己所在的机构，不同性质的机构都有自己独特的制度和文化。个人和组织的行为需放在社会和制度环境下进行分析，关注其呈现出的固有特点。基于文化规则和认知结构构建的制度逻辑，为专家的决策行为及其对自我身份的认知提供了参考框架（张初晴和李纪珍，2018）。具有相同背景的专家成员往往关注相同的事情，其偏好较为一致，不同群组的偏好则存在一定差异，相同背景、立场或认知的专家，评价会呈现相同趋势（Travis & Collins，1991）。有必要对来自不同类型组织的专家及其在不同情境下的评价表现进行研究。

一、不同领域的专家表现差异

如表 6-4 所示，总体上看，不同机构来源的专家群体对于"重要性、竞争力、研发基础"三个指标的判断具有显著的差异。对于关键技术基本实现社会主义现代化的重要性判断，科研院所专家持有更为肯定的观点，相对而言，企业专家更为保守些。对于技术发展现状水平的研发基础和未来5~15年国际竞争力的突破方面的判断，高校的专家群体更为乐观，来自企业的专家评价分值要略低于高校、院所专家的判断，这一点与袁立科（2016）的研究结果类似。在市场逻辑下，企业作为盈利性商业机构，稳定经营和发展、追求利润最大化是其目标。来自企业的专家长期在企业工作，其行为方式受到市场逻辑影响较大，因此，企业专家既有一定的风险倾向，又具备一定的经济理性，对技术发展的评价表现得较为中规中矩。高校是创新体系中的重要力量，这决定了其主要进行技术较为先进、具有一定高风险性的基础研究，学术成果的创新性和重要性而非商业应用前景是其最为重要的考量，也就是说，高校专家往往具有较高的风险承担倾向，对创新性的成果具有更大的包容性和偏爱，这就使得专家进行评价时，不会对技术发展成熟度、带来商业价值等方面过为苛责，普遍会有积极倾向。

表 6-4 不同领域的专家评价比较

领域	重要性（均值）					竞争力（均值）					研发基础（均值）				
	高校	院所	企业	其他	单因素方差 F 检验	高校	院所	企业	其他	单因素方差 F 检验	高校	院所	企业	其他	单因素方差 F 检验
总体	3.357 (0.678)	3.392 (0.710)	3.150 (0.767)	3.284 (0.746)	227.640***	3.247 (0.768)	3.204 (0.786)	3.134 (0.795)	3.137 (0.874)	61.370***	2.744 (0.694)	2.710 (0.700)	2.654 (0.709)	2.607 (0.720)	58.283***
前沿交叉	3.362 (0.673)	3.226 (0.774)	3.096 (0.809)	3.000 (0.00)	5.056***	3.170 (0.734)	3.330 (0.803)	3.412 (0.676)	3.000 (0.000)	4.764***	2.525 (0.836)	2.767 (0.727)	2.737 (0.729)	2.200 (0.410)	7.550***
交通	3.199 (0.649)	2.992 (1.014)	3.126 (0.695)	3.318 (0.839)	4.929***	3.333 (0.633)	2.877 (0.903)	3.103 (0.703)	2.864 (1.082)	26.129***	2.674 (0.699)	2.574 (0.690)	2.671 (0.692)	3.046 (0.785)	3.633**
能源	3.269 (0.739)	3.152 (0.781)	3.060 (0.805)	3.267 (0.756)	24.539***	3.195 (0.793)	3.128 (0.897)	3.002 (0.928)	3.183 (0.833)	15.749***	2.889 (0.669)	2.772 (0.729)	2.693 (0.739)	2.867 (0.596)	26.053***
先进制造	3.337 (0.673)	3.459 (0.633)	3.269 (0.713)	3.096 (0.763)	10.480***	3.330 (0.694)	3.478 (0.646)	3.314 (0.71)	3.255 (0.485)	6.554***	2.548 (0.723)	2.486 (0.709)	2.460 (0.636)	2.362 (0.653)	4.305***
空天	3.245 (0.771)	3.208 (0.673)	3.007 (0.794)	3.195 (0.675)	8.162***	3.324 (0.734)	3.271 (0.710)	3.155 (0.782)	3.268 (0.771)	3.770**	2.794 (0.558)	2.819 (0.608)	2.838 (0.669)	2.817 (0.475)	0.444
城镇化	3.245 (0.671)	3.216 (0.731)	3.169 (0.730)	2.450 (0.510)	9.042***	2.992 (0.801)	2.976 (0.885)	2.971 (0.783)	2.450 (0.510)	2.980**	2.866 (0.714)	2.848 (0.769)	2.639 (0.648)	2.500 (0.607)	15.819***

领域	重要性（均值）					竞争力（均值）					研发基础（均值）				
	高校	院所	企业	其他	单因素方差F检验	高校	院所	企业	其他	单因素方差F检验	高校	院所	企业	其他	单因素方差F检验
公共安全	3.274（0.740）	3.256（0.668）	3.055（0.838）	3.004（1.034）	21.564***	3.123（0.829）	3.037（0.794）	3.133（0.715）	2.823（1.065）	11.564***	2.719（0.751）	2.692（0.671）	2.709（0.645）	2.444（0.713）	10.735***
海洋	3.323（0.711）	3.160（0.776）	3.012（0.785）	3.367（0.670）	32.039***	3.302（0.750）	3.196（0.811）	3.049（0.741）	3.117（0.866）	16.526***	2.659（0.678）	2.677（0.687）	2.611（0.693）	2.520（0.734）	4.081***
环境	3.368（0.684）	3.325（0.693）	3.062（0.766）	3.379（0.646）	23.151***	3.013（0.864）	3.159（0.734）	2.846（0.792）	3.005（0.933）	17.210***	2.661（0.709）	2.722（0.759）	2.592（0.656）	2.725（0.535）	4.217***
信息	3.389（0.667）	3.400（0.665）	3.208（0.695）	3.675（0.572）	10.829***	3.355（0.726）	3.249（0.758）	3.197（0.732）	3.500（0.847）	7.278***	2.776（0.699）	2.729（0.633）	2.658（0.667）	2.775（0.577）	3.263**
人口健康	3.342（0.622）	3.352（0.654）	3.318（0.683）	3.189（0.799）	5.305***	3.334（0.692）	3.286（0.709）	3.218（0.739）	3.182（0.835）	5.197***	2.765（0.620）	2.545（0.798）	2.628（0.744）	2.408（0.799）	23.284***
生物	3.481（0.607）	3.486（0.596）	3.340（0.684）	3.620（0.508）	8.462***	3.463（0.782）	3.438（0.744）	3.427（0.734）	3.440（0.672）	0.284	2.684（0.606）	2.632（0.629）	2.582（0.681）	2.870（0.720）	6.675***
资源	3.418（0.641）	3.391（0.694）	3.092（0.827）	3.454（0.615）	64.422***	3.113（0.791）	3.170（0.756）	3.148（0.816）	3.102（0.886）	1.651	2.848（0.647）	2.792（0.732）	2.729（0.736）	2.988（0.699）	15.199***

领域	重要性（均值）					竞争力（均值）					研发基础（均值）				
	高校	院所	企业	其他	单因素方差 F检验	高校	院所	企业	其他	单因素方差 F检验	高校	院所	企业	其他	单因素方差 F检验
农业农村	3.387 (0.663)	3.415 (0.633)	3.143 (0.741)	3.273 (0.726)	15.758***	3.272 (0.728)	3.201 (0.756)	2.851 (0.891)	3.052 (0.774)	29.944***	2.695 (0.687)	2.694 (0.681)	2.150 (0.744)	2.474 (0.802)	60.730***
食品	3.453 (0.623)	3.496 (0.582)	3.491 (0.589)	3.210 (0.729)	7.020***	3.404 (0.716)	3.359 (0.713)	3.395 (0.635)	3.240 (0.683)	2.403*	2.699 (0.747)	2.746 (0.661)	2.531 (0.719)	2.690 (0.631)	6.707***
现代服务业	3.219 (0.579)	3.094 (0.739)	3.048 (0.808)	3.069 (0.752)	4.239**	3.188 (0.681)	2.909 (0.929)	3.019 (0.841)	2.988 (0.946)	6.264***	2.951 (0.714)	2.616 (0.826)	2.847 (0.697)	2.659 (0.686)	15.600***
新材料	3.415 (0.653)	3.347 (0.596)	3.209 (0.745)	3.353 (0.636)	28.301***	3.362 (0.715)	3.361 (0.614)	3.260 (0.746)	3.393 (0.684)	7.659***	2.809 (0.633)	2.770 (0.663)	2.642 (0.721)	2.633 (0.639)	20.364***

注：括号内为估计参数值的标准差；*、**、***分别表示在10%、5%、1%的水平上显著。

不同领域的专家判断差异比较明显，从重要性指标来看，先进制造、信息、人口健康、生物、农业农村、食品等领域，院所专家持有更为肯定的观点，其他领域的高校专家对于关键技术重要性的评价要显著高于其他机构专家。除了交通领域以外，院所专家的判断要显著低于企业专家判断，其他各个领域，相较而言，企业专家都处于最为保守的位置。

对于研发基础的研判可以看出，大部分领域的高校专家群体持有比较乐观的态度，但在前沿交叉、海洋、环境、食品等领域，院所专家的意见更倾向于乐观，而且不同机构间的专家群体判断分值的均值差异显著。仅在空天领域，来自企业的专家群体提供了较高的分值，认为具有较好的研发基础，来自高校的专家反而最为保守。交通、公共安全、人口健康、现代服务业等领域，院所专家较为保守，显著低于高校和企业专家的判断均值。

面向未来的技术竞争力判断，除了生物和资源领域，不同机构来源专家的判断形成的均值差异不显著，其他领域不同机构来源专家的判断形成的均值差异显著。具体来看，大部分领域高校专家群体的竞争力判断较为乐观；先进制造、环境、资源领域，院所的专家更为认同未来将取得较好的国际技术竞争优势。相较而言，企业的专家较为保守，但在交通、公共安全、食品、现代服务业领域，院所的专家评价均值是最低的，在资源、前沿交叉领域，反而高校专家的评价最低。

二、不同机构的专家表现

从表6-5可以看出，即使所属不同的机构，所有指标均显示，核心专家的判断比一般专家的判断均值更高，显示出核心专家的乐观估计倾向，而且两类专家的差异显著。

表 6-5　不同机构的专家评价比较

机构性质	变量	核心专家	一般专家	t 值	总数（最乐观）	核心专家
高校	研发基础	2.877 (0.699)	2.604 (0.660)	32.205***	2756	2093
	专利制约	1.739 (0.986)	1.900 (0.893)	25.160***	2555	1628
	重要性	3.549 (0.596)	3.156 (0.701)	48.405***	11892	7836
	竞争力	3.364 (0.742)	3.125 (0.775)	25.160***	10870	6562
院所	研发基础	2.884 (0.716)	2.581 (0.659)	26.182***	1439	1040
	专利制约	1.657 (0.968)	1.814 (0.912)	-9.905***	1558	787
	重要性	3.526 (0.622)	3.118 (0.722)	36.608***	6246	3657
	竞争力	3.333 (0.765)	3.109 (0.788)	17.304***	5921	3041
企业	研发基础	2.871 (0.691)	2.527 (0.688)	26.156***	1050	680
	专利制约	1.826 (1.005)	1.911 (0.902)	-4.620***	1057	509
	重要性	3.410 (0.699)	2.998 (0.764)	29.908***	4182	2267
	竞争力	3.285 (0.758)	3.045 (0.803)	16.210***	4215	1941

机构性质	变量	核心专家	一般专家	t 值	总数（最乐观）	核心专家
其他	研发基础	2.820 (0.689)	2.467 (0.706)	10.769***	150	99
	专利制约	1.766 (0.972)	1.812 (0.972)	-0.990	217	91
	重要性	3.574 (0.598)	3.091 (0.772)	15.245***	831	470
	竞争力	3.354 (0.778)	2.994 (0.904)	8.927***	736	379

注：括号内为估计参数值的标准差；*、**、***分别表示在10%、5%、1%的水平上显著。

第四节　专家倾向的探讨

本书使用国家第六次技术预测调查数据对专家的积极评价行为进行的分析研究，本节将进一步讨论当前的研究结果与以往研究结果的相似与差异。

一、专家自我评价的适当性

专家甄选没有固定的套路，预测研究往往依赖于研究样本的便利性（Belton et al., 2019；Devaney & Henchion, 2018）。研究人员推荐自己认识的专家可能正是那些不应该被邀请的人，这可能会造成各种偏见（Van Zolingen & Klassen, 2003），专家推荐熟悉的专家，可能会形成"圈子"现象。另有学者主张采用社会声誉方式，这样专家们容易判断对方的专业水平（Kahneman & Klein，2009），但这不能说明专家的预测能力，判断的准确性更多源于个人知名度（Burgman et al.，2011）。

自我评分是指要求潜在的小组成员或研究对象对自己的专业知识进行评分的简单过程（Mullen，2003）。研究人员可以要求小组成员在他们的个人评估中表现信心水平，虽然此要求在预测实践中经常出现，但自我评价的价值也容易受到争议。支持者认为自我评价简单、直截了当，自己评估衡量自己更准确。专家理论上来说几乎总是最有资格评价自己的表现，但自我评价较高的专家在长期预测中屈服于更强的过度乐观和过度自信的偏见（Green & Amstrong，2007）。国家科技部组织的第六次国家技术预测，对于调查专家的遴选有一套科学的流程：首先，技术预测组织部门明确参与调查专家要求。其次，由领域组根据社会声誉、同行评估等方式推荐专家，并在领域组会议讨论确认专家名单，同时，技术预测组织部门也会向参与本次技术预测的各个部门，如教育部、工业和信息化部、国家发展和改革委员会、中国科学院、中国工程院等部门征求专家名单，汇总后交付科技管理专业部门。再次，科技管理部门结合汇总的专家名单，对国家科技计划项目库专家进行梳理，将任务要求与被调查者的专业知识相匹配，经审阅后形成最终参与调查的专家名单。最后，在实际调查过程中，技术预测组织部门根据问卷设计专家技术熟悉程度的自评价指标，根据专家打分情况区分核心专家和一般专家。这种专家遴选方式，可以在一定程度上缓解单一方法可能带来的专家意见偏差，但还是无法确认专家判断的准确性，有待进一步将不同的评估和测量工具相结合。

二、专家积极评价的领域差异表现

德尔菲法通过一系列受控反馈的程序，寻求专家群体的有效共识，这里就包含了一个假设，即专家可以提供更好的判断和预测，但这个问题在学术界和实际操作过程中一直存在争议。有学者认为，更专业的专家更能提供可信的答案；还有学者认为，专家之间的差异不明显，甚至还有可能专业水平越高，做出的判断更不可信。这些研究结论很多是通过实验室实验得到的，与现实世界的德尔菲法还是有差别的。这里，我们用第六次国家技术预测17个领域的专家调查数据进行分析，可以弥补实验研究的不足。

总体来看，拥有专业知识的自评专家倾向于对德尔菲法中提出的几乎所有主题进行了积极的评估，乐观程度与自我评价的熟悉程度呈正相关。但我们发现，核心专家表现出不同程度的乐观估计倾向：对于技术当前水平的判断，更多专家倾向保持乐观态度，而对未来竞争力的判断，作出乐观估计的专家比重有所下降。本领域的核心专家相比于一般专家，对于"重要性""竞争力""研发基础"三个指标的判断更持有积极的乐观估计，除了竞争力指标下，前沿交叉和生物领域的一般专家的估计均值要高于核心专家（但两部分专家群体的均值没有统计意义上的显著性）；其他所有领域均是核心专家的判断分值高于一般专家，且有显著的差异。

在很大程度上，从事研发工作的业务人员的趋向积极评价与内部人的假说显然是一致的，从而证实了研究人员在所从事的研究主题方面存在积极评价（Weinstein，1980；Kalinovski，1994），尤其是在食品、空天、环境等领域，专家表示最强烈的乐观偏见，但专家的这种积极评价是否真正反映了技术现实情况，还是说（一般）专家过于保守了，目前我们无法做出判断。

三、专家积极评价的机构差异

专家所处的机构属性决定了专家的制度文化差异，而且还会潜移默化影响内部专家的价值观、信念和规则的形成。如企业专家更多会遵循市场逻辑，会将利润最大化放在首位（Thornton，2001）；科研院所专家遵循科学逻辑，会强调科研成果的创新性（王俊，2014）。正是因为多元的组织机构专家参与，多种多样的制度文化充斥其中，造就了不同形式的组织及其不同的行为方式（Lounsbury，2007）。从本章的研究结论来看，不同机构来源的专家群体对于"重要性、竞争力、研发基础"三个指标的判断具有显著的差异，相对而言，企业专家比科研院所和高校专家更具有经济理性和较低的风险承担倾向，表现得更为保守。当然，这些差异还需和所判断的对象结合起来分析，不同领域的专家判断差异比较明显，如在空天领域，对于研发基础的判断，来自企业的专家群体提供了较高的分值，认为具有较好的研发基础，来自高校的专家反而最为保守。空天领域的高校专家从事大量处于技术前沿且投入大、风险性较高的基础研究，可能促使专家对于领域技术研发现状的评价更为严苛。交通、公共安全、人口健康、现代服务业等领域，院所专家较为保守，显著低于高校和企业专家的判断均值。对于未来竞争力的判断，大部分领域高校专家群体的竞争力判断较为乐观，但在交通、公共安全、食品、现代服务业领域，院所的专家评价均值是最低的，在资源、前沿交叉领域，反而高校专家的评价最低。可见，笼统地把不同机构属性的专家归类为偏积极评价或消极评价，都有偏颇，制度逻辑的背后可能还与评价对象和所属的领域存在交叉影响关系。

这些结果之所以重要，是因为它们为预测研究中提到的两个有争议的问题提供了新的启示：高度专业化的顶尖专家的评估是否比非专业化的技术预测专家的评估更有积极倾向，以及自我评估是否是选择专家的合适方法。这项研究所揭示的事实倾向于以肯定的方式回答这两个问题，但并非没有一定的条件。鉴于专家的过分乐观的倾向，技术预测实践的专家小组应以不同级别，具有不同知识和隶属关系的专家组合为基础，而不仅限于各自领域的顶尖专家。出于同样的考虑，技术预测中德尔菲法更具优势，但其结果也应考虑内部人的偏见，否则，预测工作可能会带来过于乐观的评估。

当然，本章仅是揭示了专家的评价倾向问题并解释了可能导致的原因，究竟是哪些因素并如何影响专家进行预测研判的，还需要从微观层面结合专家的价值观、人格、偏好等进行进一步解释。

第七章 专家的极值响应

  当前，新一轮科技革命和产业变革孕育兴起，技术发展的不确定性逐渐提高，技术预测研究变得越来越重要。其中，德尔菲法是最重要的预测方法之一，通过匿名化的知识交流，强调结构化的交流过程，使参与者能够有效地表达个人评估观点。德尔菲法不仅要寻求共识，也要了解参与调查专家对问题持有的极端反应。调查中的极端反应观点在社会科学中被称为极端反应风格（Extreme Response Style，ERS），即受访者倾向于使用或避免使用评分表的极化趋势。在相关社会科学研究中，多元化的专家组属性一直是研究的重点，这些属性可以分为个体特征，如年龄、性别、组织机构等，还有更深层的多元专家属性，如知识水平、研究经历等。这些属性可能会影响调查小组的多样性水平，因此也会影响小组成员的响应行为（Williams & O'Reilly，1998）。小组成员特征对意见多样性以及最终对德尔菲法的判断影响尚未有深入的研究。Hussler 等（2011）指出，在确定如何重塑德尔菲法以提高其解释异质性观点的能力之前，还有待探索更多的答案。基于这些考虑，本章旨在全面检查调查小组成员的特征信息及其相关作用，以便确定各个维度上的共同主题。通过整合心理学、社会学、管理学等领域的相关研究，分析预测专家组成员在德尔菲法中的反应行为，以进一步增强德尔菲法的技术手段。

第一节　极值响应风格

在李克特量表上，极端反应行为意味着对评分量表的极端意见的偏爱，但与极端反应行为相关的个体差异变量很多，关于这些联系的各种研究结论是含糊不确定的（Naemi et al.，2009）。有不少研究发现，极端反应与自信（Allport & Hartman，1925）和果断（Naemi et al.，2009）之间存在正相关关系，但研究者也承认可能存在其他因素，特别是在德尔菲法的研究中并不排斥给定主题判断过程中的更大分歧，因此研究极端反应及其与观点转变的联系是可取的，其揭示了对理想的未来政策的"真实"分歧。

问卷测验是心理学研究中广泛流行的测验方法，研究者们通过分析调查参与者的自我报告来了解调查参与者的心理特质。问卷测试假定人们是完全根据测验的题目内容作出回答的，然而事实并非如此，研究者们发现一些与内容无关的其他因素也会影响调查参与者的反应，如等级量表中的反应偏差（Cronbach，1946）。大部分的问卷测验都是等级式的量表，研究者通常根据调查参与者所选择的某一等级的答案来分析调查参与者的单个特质，或者分析调查参与者某些特质之间的关系，问题在于调查参与者在等级量表中的选择是否能够代表他们真正的观点，抑或只是基于一种反应偏差（李盟、郭庆科，2016）。

问卷调查中以量表测量态度时容易产生系统性的回答偏差，通常有两类，即反应定势（Response Set）和反应风格（Response Style）。心理学或社会心理学对这两类回答偏差的探讨与诠释有两大重点：第一，可用意识层次的深浅来区分两者的差异。反应风格属于较浅层次意识下产生的回答偏差，是跨多个量表之间习惯性的回答行为，这类行为通常不会因为各个量表题组的主题变换而有所改变。反应定势则是在较深层次意识下产生的回答偏差，其产生原因主要来自参与者回答的动机，通常是考虑到题目主题敏感或意图维护自我形象而表现的回答行为，因此，态度量表的题目具有社会规范或特殊敏感的强烈暗示时容易发生反应定势性回答。第二，这两类回答偏差可能是并存的。相关的研究多集中在某特定人格量表中社会期许性回答与默认肯定反应，同时探讨两者之间的关系以及对测量结果的影响。虽然研究结论有所差异，但比较一致的结论是建议设计平衡型的量表（Balanced Scale），以避免反应风格和反应定势分别或同时地发生。平衡型量表有三个必要的特性：①题目叙述需中立而无主观引导性；②需包含正向与反向叙述的题目；③正反两个方向叙述的题目需平均分散（Deirs，1964；Gloye，1964）。不过，针对人格心理学量表的研究多利用特殊设计的另一个量表来检视这两类的回答偏差，因此常使后人对反应风格和反应定势的定义有所混淆。

由于两类回答偏差在认知心理历程中有意识层次的深浅之别，分辨其中的差异有不同的难易程度。反应定势是已经了解题意，再经深层心理的思考与顾虑之后的回答；反应风格则是经过不同的量表、主题及时间之后仍持续发生的回答行为（Bentler et al.，1971）。那么，只要量表题目的叙述是中立的，并且没有明显的敏感性或道德规范的暗示，应较为容易地确认来自浅层意识的回答模式。

反应风格与题目内容的相关性不显著（Mick，1996；郭庆科等，2007），Paulhus（1991）将反应风格定义为调查参与者基于某些固定的倾向而不是基于具体的题目内容对其作出的选择。已有研究把反应风格分为单向性反应风格和双向性反应风格。单向性反应风格是指调查参与者偏爱使用肯定、中性或者否定反应中的任意一个，包括默认肯定反应风格（Acquiescence Response Style，ARS，一种在命题上更加倾向于同意而不是不同意的倾向）、默认否定反应风格（Disacquiescence Response Style，DARS，一种在命题上更加倾向于不同意而不是同意的倾向）、折中反应风格（Midpoint Response Style，MRS，一种过度选择量表中间值的反应倾向）。

双向性反应风格指调查参与者偏爱使用极端反应两极的倾向，即同时使用极端肯定和极端否定反应的倾向。极端反应风格（ERS）被称为双向性反应风格，是社会科学中最普遍和最经常使用的响应风格之一（Greenleaf，1992；Johnson，2003）。国外研究表明，两种反应是极端反应的两个维度，因此对于这两种风格国外研究者通常是把两种风格整合到一起来分析的。

第二节　测度及影响因素

关于反应风格的来源，Weijters（2006）发现反应风格的来源主要有两大范畴：刺激物影响和调查参与者的特征。对于刺激物影响来说，反应风格被视为调查参与者受研究工具等的影响而产生的附属品。对于调查参与者来说，反应风格被视为个人特征的反映。反应风格作为调查参与者某种稳定的特点，与调查参与者的人格特质有关，并受调查参与者教育程度、性别、年龄等的影响（Vaerenbergh & Thomas，2013）。有三种人可能倾向于极端反应：第一种是个性焦虑容易紧张的人，可能会因过于急躁而选择第一个最有印象或最后一个刚看完的回答选项；第二种是无法容忍事情被模糊化的人，喜好清晰的回答，不选不确定的方向来回答；第三种是对于量表刻度的认知能力较低的人，由于难以比较不同选项的意义，因此倾向选择较容易记得的极端选项（杜素豪，2012）。

一、极值反应风格度量

李克特量表中，极值测度代表着"完全认同"或"完全不认同"两类响应问卷，如下式所示：

$$ERS_i = \sum_{k=1}^{K} I_{\{Q_{ik}=1 \nabla Q_{ik}=5\}} = \sum_{k=1}^{K} EXTR_{ik} \qquad (7-1)$$

其中，$EXTR_{ik}$ 是一个指标变量，当参与调查的专家在李克特量表上选择极端响应值时，设为1，或者为0；ERS_i 代表参与调查专家在 ERS 的分数估计；K 代表项目数量。

方程（7-1）表明在观察到的单个项目的水平上，ERS 采用的二分法测量。

二、影响因素

（1）ERS 与个体变量。

ERS 与性别、认知能力等人格变量有关，但很少有研究对 ERS 可能发生的原因提供任何理论解释。关于调查参与者性别对各种反应风格的影响还没有一个普适性的结论：De Jong 等（2008）和 Weijters 等（2010）发现女性比男性更倾向 ERS；Harzing（2006）、Meisenberg 和 Williams（2008）却得出了与此相反的结论；当然也有研究发现 ERS 的性别差异不显著（Marin et al.，1992；Moors，2008）。总体上讲，反应风格性别差异的研究结果不一致，并且效应量非常的弱小（Van Vaerenbergh & Thomas，2013）。一些个体差异的研究还表明，ERS 具有潜在的认知能力影响，也就是说能力较低的个体更倾向 ERS。然而，ERS 研究与认知能力之间的关系研究结论也没有定论，一些研究认为存在负向关系（Das & Dutta，1969；Light et al.，1965；

Wilkinson，1970），而另一些研究发现不存在显著的关系（Zuckerman & Norton，1961）。在人格方面，ERS 被认为与焦虑（Lewis & Taylor，1955），外向型和随和性有关（Austin et al.，2006），尽管这些研究到目前为止还没有提供充分的理论支撑。总之，大多数与个体特征变量有关的 ERS 研究还没有形成确定的结论，这一结果可能归因于 Greenleaf（1992）的观点，即过去的研究受到了 ERS 测量不一致的困扰。

（2）歧义的不容忍性和极端反应风格。

歧义的不容忍性被 Budner（1962）定义为个体或群体把不确定因素当成是一种威胁或渴望。Budner（1962）还将一种歧义的情况定义为由于缺乏足够的线索，个人无法充分分类的情况。对歧义的不容忍是极端反应的一个令人信服的潜在预测因素，因为对歧义抱有的高度不容忍态度的个人避免作出模棱两可的反应，而是倾向明确的选择。因此，对歧义的高度不容忍可以解释为什么参与调查专家会避免在评级尺度上使用潜在的模棱两可的中间类别，而是适当使用评级尺度的明确端点进行判断。研究表明，ERS 似乎是一种稳定的特质，在个体之间有所不同，因此，稳定的人格结构（如不容忍歧义）似乎可能成为极端反应的解释个体差异变量。

（3）果断和极端反应风格。

还有可能提供 ERS 理论基础的人格特征因素是果断。果断被定义为作出坚定决定的信心（Kruglanski，1989）。犹豫不决可能会使受访者避免作出代表强烈决定性意见的极端类型。这种假设在有关男性与 ERS 的跨文化研究中具有较高的共识。Johnson 等（2005）认为，强调自信和果断的男性文化特征可能会导致被调查者选择现有最强的类别来表达他们的意见，男性气质与极端反应之间存在显著的关系。

（4）对极端反应风格的内容影响。

研究表明，与任何特质一样，ERS 的表现形式会因情况而异（Mischel &

Shoda，1995）。Hui 和 Triandis（1985）认为，参与调查专家因为疲劳或是对评价感到厌倦，ERS 就更有可能发生在问卷的末尾。我们可以在问卷设计中改变 ERS 测量值的位置来解释这种可能性。如果在问卷末尾对相同内容更容易产生极端反应，那么可能是疲劳导致的。如果没有差异，这也为 ERS 的稳定性提供了一些证据。在调查中花费较少时间的人可能更容易作出极端反应，这是因为极端反应本质上等同于"是"或"否"，"同意"或"不同意"，这是区分李克特量表类别最简单、最省时的选择。从这个意义上讲，完成一项调查所需的时间，也可能与极端反应有关（Molto et al.，1993）。

然而，人们也有可能匆忙完成一项调查，因为他们实际上对自己的答案充满信心，并认为调查很容易完成，或者调查的内容可能是重复或非常容易获得的信息（Fazio，1990）。因此，花在调查上的时间本身并不能完全反映 ERS，但快速完成调查并高度不容忍歧义、简单化思维或果断的受访者可能更倾向 ERS。

三、基本统计与模型设计

为了测试德尔菲法的极端响应行为，本章利用第六次国家技术预测两轮的德尔菲调查问卷数据材料，分别选取了"研发基础"和"知识产权实现时间"两个不同维度的因变量进行计量分析。其中，研发基础变量着重考察专家对被调查技术的现状评价判断，而知识产权实现时间则是对技术未来发展的研判。选取这两个不同类型的问题作为极端反映行为研究对象，可以从问题设计的视角来进一步检视专家对不同问题的相应极端行为的差异。其他如人口特征、机构属性、反馈等变量的解释与第五章相同，在此不再赘述（见表7-1）。为了测试潜在的非回答偏见并避免其潜在的问题，本章将分别对第一轮、第二轮的不同小组进行统计分析，并进行曼-惠特尼 U 检验，在几轮调查者的回答中没有发现统计学上的显著差异。

表 7-1　变量及描述统计

变量		变量含义与赋值	最小值	最大值	均值	标准差
自变量	研发基础	专家选择李克特量表中（A）很好或（E）很差为"1"；选择（B）较好、（C）一般、（D）较差则标注为"0"	0.000	1.000	0.113	0.317
	知识产权时间	专家选择李克特量表中（A）已经实现或（E）15年以上为"1"；选择（B）0~5年、（C）5~10年、（D）10~15年	0.000	1.000	0.153	0.360
因变量	人口特征 性别	男=1；女=0	0.000	1.000	0.887	0.316
	年龄	≤40岁=1；41~49岁=2；≥50岁=3	1.000	3.000	2.264	0.752
	职称	中级职称=1；副高级职称=2；正高级职称=3	1.000	3.000	2.782	0.487
	海外经历	海外留学工作一年以上为"1"；否则为"0"	0.000	1.000	0.450	0.498
	机构属性 参考组为"其他"					
	高校	高校=1；非高校=0	0.000	1.000	0.452	0.498
	院所	院所=1；非院所=0	0.000	1.000	0.267	0.443
	企业	企业=1；非企业=0	0.000	1.000	0.226	0.418
	反馈 参与度	积极参与两轮调查设为"1"；否则为"0"	0.000	1.000	0.654	0.476
	熟悉程度	很熟悉=5；较熟悉=4；熟悉=3；一般=2；不知道=1	1.000	5.000	3.351	1.114

为了将调查专家的特征信息作为各种差异维度的组合，本书遵循 Baron 和 Kenny 提出的程序，应用分步分层 Logistic 回归模型进行分析。在回归的第一步中，将独立变量作为主要影响因素输入模型，以测试关于极端响应行

为二分变量的因子。在第二步中，将测试交互作用，让自变量与结果变量的关联程度取决于调节变量的水平。

统计学已经证明，在大样本时，如果两个模型之间有巢状（Nested）关系，那么两个模型之间的对数似然值乘以–2的结果之差近似符合卡方分布，这一检验统计量称为似然比（Likelihood Ratio，LR）（Aldrich & Nelso，1984；Long，1997）。

在模型似然值对数的基础上，可以为 Logistic 回归模型计算某种类似 R^2 的指标，如似然比指数（Likelihood Ratio Index，LRI）（Greene，1990；Hosmer & Lemeshow，1989）。如果回归模型中 Loglikelihood 和 LR 统计量对应的 p 值显著，那么可以认为，所有模型分析的联合显著性很高。Odds ratio 比值表示事件发生的可能性是不发生的可能性的倍数。在 Logistic 回归模型中应用发生比率来理解自变量对事件发生概率的影响是最好的方法，因为发生比率在测量这类影响作用时能给予清楚的解释（Feinberg，1985；Morgan & Teachman，1988）。

第三节　极值响应倾向

从模型的模拟结果来看，模型的总体拟合效果较好，似然比统计量、卡方值均在1%的水平上显著。考虑到领域技术类别可能对专家的极端响应行为产生影响，我们对所有模型的技术因素进行了控制。

一、对研发基础的判断做出极值响应的影响分析

表7-2是针对研发基础极值判断的影响因素进行二元 Logistic 分析的回

归结果。从表末的三个检验值可以看出，不断引入新模型进入回归分析时，无论 R^2 还是 Log likelihood 都在不断上升，这说明模型的拟合程度在不断优化。此外，后加入的变量，如参与度、专家熟悉程度等因素均具有一定的解释力。

从表 7-2 的模型（1）、模型（2）、模型（3）是对总体样本的回归分析结果，可以发现，控制其他因素的影响后，来自企业的专家做出研发基础极值判断的倾向是非企业专家的 0.9 倍左右，企业专家一般处于研发管理、生产一线，对于技术研发水平的研判更偏向中规中矩。进一步考虑专家主观多样性指标，如专家熟悉程度、专家参与情况等因素后，高校专家、男性专家的影响发生了变化。具体而言，在模型（1）中性别、高校的系数为正且显著（分别在 1% 和 5% 的水平上），相对于非高校专家和女性专家，高校、男性专家更容易做出极值响应，考虑专家主观因素影响后，模型（3）结果显示，这些因素对极值响应的影响消失了。此外，职称因素、海外经历因素影响的显著性水平较不考虑主观性指标时有所提升，而且会使作出研发基础极值判断的可能性明显降低。参与第二轮调研的专家相比第一轮专家，对研发基础极值判断的可能性会降低 20% 左右。这可能是因为，参与第二轮调研的专家可以看到第一轮专家对于研发基础判断的综合结论，从而调整自己的意思表示，作出更趋近于大部分专家所作出的中性判断意见。但是，模型（3）的结论显示，参与度比较高的专家，也就是连续参加两轮并对同样技术作出再判断的专家，作出极值判断的可能性是其他专家的 1.106 倍（$p<0.01$）。模型（7）更进一步印证了这种趋向，在第二轮调查样本中，连续参加两轮并判断同样技术的专家，对研发基础极值判断的可能性倾向进一步提高。

我们对第一轮和第二轮的样本做了同样的分析，有意思的是，在第一轮样本的回归结果中，职称因素的影响为正且显著，职称越高，越可能对研发基础判断的概率响应采取明确立场，即表现出对极值的明确响应，但在第二轮的专家调查分析中，系数方向由正向变为负向，对研发基础判断的反应发散在不确定的位置。这种两轮之间的反差现象同样表现在性别因素的影响上。此外，企业专家倾向作出中性判断，与非企业专家相比，他们不太可能对概率评估作出极端发散反应。

此外，专家对自己专业知识水平的自我判断会极大地影响他们对技术研发基础研判的概率感知。无论是总样本，还是第一轮、第二轮的子样本回归分析，都可以看出，随着专家自我评价的提高，该专家作出极端反应的可能性明显增大。发生比率在 1.9 左右，而且显著，说明一个等级知识水平自我评判的数量变化将促使专家作出极端判断的可能性提升 0.9 倍。

二、多维相互作用效应

专家自我评估知识水平对研发基础判断极值响应的影响效果可能会受到所属机构、海外经历等变量的影响，这里我们考虑使用交互项回归。虽然有学者（Smith & Sasaki，1979）证明单一项与交互项会有相关，可能导致共线性情形，但 Balli 和 Sørensen（2013）并不认为共线性在一般交互模型中是一个太特殊/严重的问题。表 7-3 展示了二元逻辑回归分析的第二步，以测试可能的调节作用。如果交互项能够解释因变量的显著变化，则可以验证调节作用。这里我们主要考察专家知识水平自我主观判断与相关客观多样性变量的交互作用。对于每个交互模型，相对于表 7-2 中的模型，卡方均有显著增加，这表明交互项的考虑确实是有必要的。

含有交叉项的模型（1）、模型（2）结果显示，以专家知识水平自我评估为指标的专家熟悉程度变量主效应分别为 0.635、0.634，均在 1% 的水平上显著，表明在控制其他变量的前提下，专家知识水平自我评估每提升一个等级，对研发基础极值判断的可能性就会增加 0.9 倍左右。专家的高校来源属性变量系数为负但并不显著。专家熟悉程度与高校属性的交互效应值分别为 0.046、0.047，这说明来源于高校的专家，其知识水平自我评估对于研发基础极值的倾向判断可能性的作用更加显著，在控制其他变量的情况下，高校专家知识水平评估越乐观，极值判断的概率越高。在第一轮样本的回归分析中，对研发基础极值判断的概率进一步提升。但在第二轮样本的回归分析中，交互作用并不明显。同时，专家知识水平自我评估与专家企业属性、海外经历的交互作用同样不明显。

三、对产业化或效益实现时间做出极值响应的影响分析

从表 7-4 的模型（1）、模型（2）、模型（3）是对总体样本的回归分析结果。可以发现，控制其他因素的影响后，来自企业的专家对于知识产权实现时间估计极端化的倾向是非企业专家的 1.2 倍左右，企业专家尽管处于技术产业化生产前沿，但对于时间跨度的判断，不同于对研发水平现状的估计，做出极端判断的可能性较大。这种影响在第一轮的样本中并不显著，但却出现在第二轮的样本检验中，相对于其他专家，做出极端响应的可能性进一步提高。职称在一定程度上代表着专家知识水平的积累，职称越高，该专家做出极端反应的可能性越低。相对于低一个等级职称的专家，发生比率在 0.9 左右，而且显著，说明一个等级职称定位的数量变化将促使专家对概率响应做出极端判断的可能性降低 10% 左右。上述结论同样适用于第二轮的样本分析，职称变量的回归系数为负并且显著。但在第一轮样本回归分析中，仅在考虑专家知识水平自我评价因素以后，职称变量的回归系数为负，且仅在 10% 的水平上显著。参与第二轮调查的专家相比第一轮专家，对知识产权实现时间极端判断的可能性会降低 20% 左右。与对

研发基础的判断类似，这可能是因为，参与第二轮调查的专家可以看到第一轮专家对于知识产权实现时间的看法后，调整了自己的意见表达，做出更趋近于大部分专家所做出的中性判断意见。但是，模型（3）的结果显示，对于那些参与度比较高的专家，也就是连续参加两轮并对同样技术做出再判断的专家，做出极值判断的可能性是其他专家的 1.052 倍（在 5% 的水平上显著）。模型（7）更进一步印证了这种趋向，在第二轮调查样本中，连续参加两轮并判断同样技术的专家，对知识产权实现时间极值估计的可能性倾向进一步提高。

此外，与研发基础判断情况类似，专家对自己专业知识水平的自我判断会极大地影响他们对知识产权实现时间估计的概率感知。无论是总样本，还是第一轮、第二轮的子样本回归分析，都可以看出，随着专家自我评价的提高，该专家做出极端反应的可能性明显增大。第一轮样本发生比率相对较低，为 1.421；第二轮样本可达到 1.589，而且在 1% 的水平上显著，说明一个等级专家知识水平自我评判的数量变化将促使其对概率响应做出极端判断的可能性提升 0.5 倍左右。

四、交互效应识别

表 7-5 展示了对知识产权实现时间估计极值判断响应二元逻辑回归分析的第二步，同样测试可能存在的调节作用。这里我们主要考察专家知识水平自我主观判断的变量与相关客观多样性变量的交互作用。对于每个交互模型，相对于表 7-4 中的模型，卡方均有显著增加，这表明交互项的考虑是有必要的。

表 7-2 研发基础专家意见极值响应的二元 Logistic 回归结果

变量	模型 (1) 两轮样本		模型 (2) 两轮样本		模型 (3) 两轮样本		模型 (4) 第一轮样本		模型 (5) 第一轮样本		模型 (6) 第二轮样本		模型 (7) 第二轮样本	
	系数值	Odds ratio	系数值	Odds ratio	系数值	Odds ratio	系数值	Odds ratio	系数值	Odds ratio	系数值	Odds ratio	系数值	Odds ratio
性别	0.186*** (0.037)	1.205	0.048 (0.038)	1.049	0.050 (0.038)	1.051	-0.073 (0.056)	0.929	-0.231*** (0.058)	0.794	0.340*** (0.049)	1.405	0.208*** (0.051)	1.232
年龄	0.005 (0.016)	1.005	0.031* (0.016)	1.032	0.028* (0.016)	1.028	-0.002 (0.026)	0.998	0.020 (0.027)	1.020	0.017 (0.021)	1.017	0.044** (0.022)	1.045
职称	0.011 (0.026)	1.011	-0.053* (0.027)	0.948	-0.054* (0.027)	0.947	0.145*** (0.044)	1.156	0.092** (0.044)	1.097	-0.055* (0.033)	0.946	-0.128*** (0.034)	0.880
出国	-0.005 (0.023)	0.998	-0.061** (0.024)	0.941	-0.062** (0.024)	0.940	0.017 (0.038)	1.017	-0.057 (0.039)	0.944	-0.013 (0.031)	0.987	-0.062* (0.032)	0.940
高校	0.122** (0.052)	1.131	-0.004 (0.054)	0.996	-0.000 (0.054)	1.000	0.151* (0.084)	1.163	0.008 (0.086)	1.008	0.106 (0.068)	1.111	0.004 (0.069)	1.004
院所	0.025 (0.053)	1.025	-0.027 (0.054)	0.973	-0.025 (0.055)	0.975	-0.016 (0.085)	0.984	-0.089 (0.087)	0.915	0.048 (0.068)	1.050	0.019 (0.071)	1.019
企业	-0.152*** (0.054)	0.859	-0.093 (0.055)	0.911	-0.090# (0.056)	0.914	-0.204** (0.086)	0.815	-0.159* (0.088)	0.852	-0.134** (0.069)	0.874	-0.063 (0.072)	0.939
客观多样性														

续表

变量	模型（1）两轮样本		模型（2）两轮样本		模型（3）两轮样本		模型（4）第一轮样本		模型（5）第一轮样本		模型（6）第二轮样本		模型（7）第二轮样本	
	系数值	Odds ratio	系数值	Odds ratio	系数值	Odds ratio	系数值	Odds ratio	系数值	Odds ratio	系数值	Odds ratio	系数值	Odds ratio
二轮			-0.228*** (0.023)	0.796										
主观多样性 参与度					0.010*** (0.026)	1.106							0.241*** (0.030)	1.272
主观多样性 熟悉			0.648*** (0.011)	1.912	0.649*** (0.011)	1.914			0.588*** (0.018)	1.801			0.687*** (0.015)	1.988
常数项	-2.221 (0.131)	0.108	-3.821*** (0.140)	0.022	-4.531*** (0.125)	0.011	-2.681*** (0.238)	0.068	-4.156*** (0.248)		-2.071*** (0.160)	0.126	-4.064*** (0.172)	0.017
技术因素	控制		控制		控制		控制		控制		控制		控制	
Log likelihood	-29409.629		-27517.514		-27558.822		-11220.448		-10648.262		-18050.593		-16761.349	
LR chi²	583.09		4367.32		4284.71		262.45		1406.82		445.51		3024.00	
R²	0.009		0.074		0.072		0.012		0.062		0.012		0.081	

注：括号内为估计参数值的标准差；*、**、*** 分别表示在10%、5%、1%的水平上显著；#表示接近10%的显著性水平。

表 7-3 研发基础专家意见极值响应的二元 Logistic 回归结果（含交叉项）

	变量	模型（1）两轮样本		模型（2）两轮样本		模型（3）第一轮样本		模型（4）第二轮样本	
		系数值	Odds ratio	系数值	Odds ratio	系数值	Odds ratio	系数值	Odds ratio
客观多样性	性别	0.050 (0.038)	1.051	0.051 (0.038)	1.063	-0.223*** (0.058)	0.800	0.209*** (0.051)	1.233
	年龄	0.031* (0.017)	1.032	0.028 (0.017)	1.028	0.020 (0.027)	1.020	0.041* (0.022)	1.042
	职称	-0.051* (0.027)	0.951	-0.052* (0.027)	0.950	0.092** (0.044)	1.096	-0.124*** (0.035)	0.884
	出国经历	-0.077 (0.099)	0.926	-0.094 (0.098)	0.911	0.062 (0.159)	1.064	-0.124 (0.126)	0.883
	高校	-0.188 (0.119)	0.829	-0.188 (0.119)	0.829	-0.516*** (0.190)	0.597	0.041 (0.153)	1.042
	院所	-0.026 (0.055)	0.974	-0.024 (0.055)	0.976	-0.085 (0.087)	0.919	0.018 (0.071)	1.019
	企业	0.033 (0.125)	1.033	0.037 (0.125)	1.038	-0.096 (0.197)	0.909	0.099 (0.163)	1.104
	第二轮	-0.227*** (0.023)	0.797						
主观多样性	参与度			0.101*** (0.026)	1.106			0.254*** (0.090)	1.289
	熟悉程度	0.635*** (0.021)	1.887	0.634*** (0.021)	1.884	0.548*** (0.034)	1.729	0.686*** (0.027)	1.986

续表

	变量	模型（1）两轮样本		模型（2）两轮样本		模型（3）第一轮样本		模型（4）第二轮样本	
		系数值	Odds ratio	系数值	Odds ratio	系数值	Odds ratio	系数值	Odds ratio
交叉项	熟悉×高校	0.046* (0.027)	1.047	0.047* (0.027)	1.048	0.133*** (0.044)	1.143	-0.010 (0.035)	0.990
	熟悉×企业	-0.034 (0.030)	0.966	-0.035 (0.030)	0.966	-0.018 (0.048)	0.982	-0.042 (0.039)	0.959
	熟悉×出国	0.004 (0.024)	1.004	0.008 (0.024)	1.008	-0.030 (0.039)	0.971	0.016 (0.031)	1.016
常数项		-3.777*** (0.154)	0.023	-3.934*** (0.154)	0.020	-4.014*** (0.267)	0.018	-4.070*** (0.193)	0.017
技术因素		控制	控制	控制	控制	控制	控制	控制	控制
Log likelihood		-27513.154		-27554.081		-10641.576		-16757.562	
LR chi²		4376.04		4294.19		1420.19		3031.57	
R²		0.074		0.072		0.063		0.083	

注：括号内为估计参数值的标准差；*、**、***分别表示在10%、5%、1%的水平上显著。

表 7-4　知识产权实现时间专家意见极值响应的二元 Logistic 回归结果

变量		模型 (1) 两轮样本		模型 (2) 两轮样本		模型 (3) 两轮样本		模型 (4) 第一轮样本		模型 (5) 第一轮样本		模型 (6) 第二轮样本		模型 (7) 第二轮样本	
		系数值	Odds ratio	系数值	Odds ratio	系数值	Odds ratio	系数值	Odds ratio	系数值	Odds ratio	系数值	Odds ratio	系数值	Odds ratio
	性别	-0.058* (0.030)	0.943	-0.161*** (0.031)	0.851	-0.157*** (0.031)	0.854	-0.209*** (0.049)	0.811	-0.309*** (0.049)	0.734	0.017 (0.039)	1.017	-0.083** (0.039)	0.920
	年龄	-0.042*** (0.014)	0.959	-0.026* (0.015)	0.975	-0.029** (0.015)	0.971	-0.042* (0.023)	0.959	-0.029 (0.024)	0.971	-0.036* (0.018)	0.964	-0.023 (0.019)	0.977
	职称	-0.080*** (0.022)	0.923	-0.133*** (0.022)	0.875	-0.135*** (0.022)	0.874	-0.023 (0.036)	0.977	-0.066* (0.036)	0.936	-0.104*** (0.028)	0.901	-0.166*** (0.028)	0.847
客观多样性	出国经历	-0.001 (0.021)	0.999	-0.038* (0.022)	0.962	-0.041* (0.022)	0.960	-0.009 (0.035)	0.991	-0.056 (0.035)	0.945	0.011 (0.027)	1.011	-0.022 (0.027)	0.979
	高校	0.018 (0.046)	1.018	-0.058 (0.047)	0.944	-0.056 (0.047)	0.945	-0.020 (0.075)	0.980	-0.092 (0.076)	0.911	0.033 (0.059)	1.033	-0.037 (0.061)	0.963
	院所	-0.024 (0.047)	0.976	-0.045 (0.048)	0.956	-0.045 (0.048)	0.956	-0.047 (0.075)	0.953	-0.073 (0.076)	0.929	-0.016 (0.061)	0.984	-0.031 (0.062)	0.969
	企业	0.122*** (0.047)	1.130	0.183*** (0.048)	1.200	0.184*** (0.048)	1.202	0.031 (0.075)	1.031	0.079 (0.076)	1.083	0.161*** (0.061)	1.174	0.227*** (0.062)	1.255

变量		模型 (1) 两轮样本 系数值	Odds ratio	模型 (2) 两轮样本 系数值	Odds ratio	模型 (3) 两轮样本 系数值	Odds ratio	模型 (4) 第一轮样本 系数值	Odds ratio	模型 (5) 第一轮样本 系数值	Odds ratio	模型 (6) 第二轮样本 系数值	Odds ratio	模型 (7) 第二轮样本 系数值	Odds ratio
主观多样性	第二轮			-0.219^{***} (0.020)	0.803										
	参与度					0.051^{**} (0.023)	1.052							0.105^{***} (0.026)	1.111
	熟悉程度			0.421^{***} (0.009)	1.524	0.424^{***} (0.009)	1.527			0.352^{***} (0.015)	1.421			0.463^{***} (0.012)	1.589
常数项		-1.451^{***} (0.118)	0.234	-2.366^{***} (0.123)	0.094	-3.021^{***} (0.107)	0.049	-1.378^{***} (0.198)	0.252	-2.193^{***} (0.204)	0.112	-1.526^{***} (0.148)	0.218	-2.754^{***} (0.154)	0.064
技术因素		控制		控制		控制		控制		控制		控制		控制	
Log likelihood		-35267.014		-34132.999		-34188.530		-13190.089		-12914.288		-21972.016		-21168.692	
LR chi²		1552.41		3820.44		3709.38		612.15		1163.75		992.99		2559.64	
R^2		0.022		0.053		0.052		0.023		0.043		0.022		0.058	

注：括号内为估计参数值的标准差；*、**、***分别表示在10%、5%、1%的水平上显著。

表 7-5 知识产权实现时间专家意见极值响应的二元 Logistic 回归结果（含交叉项）

	变量	模型（1）两轮样本 系数值	Odds ratio	模型（2）两轮样本 系数值	Odds ratio	模型（3）第一轮样本 系数值	Odds ratio	模型（4）第二轮样本 系数值	Odds ratio
客观多样性	性别	-0.162*** (0.031)	0.851	-0.158*** (0.031)	0.854	-0.313*** (0.050)	0.731	-0.087** (0.040)	0.917
	年龄	-0.024* (0.015)	0.976	-0.028* (0.015)	0.972	-0.028 (0.024)	0.972	-0.022 (0.019)	0.978
	职称	-0.136*** (0.022)	0.873	-0.137*** (0.022)	0.872	-0.067* (0.037)	0.935	-0.166*** (0.029)	0.847
	出国经历	-0.340*** (0.077)	0.712	-0.354*** (0.077)	0.702	-0.638*** (0.127)	0.529	-0.127 (0.098)	0.881
	高校	0.148 (0.096)	1.160	0.148 (0.096)	1.159	0.233 (0.154)	1.263	0.105 (0.124)	1.111
	院所	-0.042 (0.048)	0.959	-0.042 (0.048)	0.958	-0.063 (0.076)	0.939	-0.026 (0.062)	0.974
	企业	0.027 (0.098)	1.027	0.033 (0.098)	1.033	-0.179 (0.156)	0.836	0.142 (0.125)	1.153
	第二轮	-0.219*** (0.020)	0.804						
主观多样性	参与度			0.051** (0.023)	1.052			0.180*** (0.026)	1.197
	熟悉程度	0.396*** (0.018)	1.486	0.397*** (0.018)	1.487	0.300*** (0.029)	1.350	0.452*** (0.023)	1.572

	模型（1）两轮样本		模型（2）两轮样本		模型（3）第一轮样本		模型（4）第二轮样本	
变量	系数值	Odds ratio	系数值	Odds ratio	系数值	Odds ratio	系数值	Odds ratio
熟悉×性别							-0.036 (0.029)	0.964
交叉项　熟悉×高校	-0.054** (0.023)	0.948	-0.053** (0.023)	0.948	-0.083** (0.037)	0.920		0.964
熟悉×企业	0.045* (0.024)	1.047	0.044* (0.023)	1.045	0.078** (0.040)	1.081	0.027 (0.031)	1.027
熟悉×出国	0.081*** (0.020)	1.085	0.084*** (0.020)	1.088	0.156*** (0.033)	1.169	0.029 (0.025)	1.030
常数项	-2.278*** (0.134)	0.102	-2.425*** (0.133)	0.088	-2.015*** (0.219)	0.133	-2.742*** (0.169)	0.064
技术因素	控制	控制	控制	控制	控制	控制	控制	控制
Log likelihood	-34120.498		-34175.735		-12899.493		-21151.592	
LR chi²	3845.44		3734.97		1193.34		2633.83	
R²	0.053		0.052		0.044		0.059	

注：括号内为估计参数值的标准差；*、**、***分别表示在10%、5%、1%的水平上显著。

在总样本和第一轮样本的回归分析中，从表 7-5 中模型（1）和模型（2）的回归分析看，代表专家知识水平自我评估的专家熟悉程度变量主效应接近 0.4（且在 1% 水平上显著），这说明在控制其他条件的情况下，每提升一个等级的自我评估，专家对知识产权实现时间极值估计的可能性提高近 50%。专家知识水平自我评价与专家企业属性变量、海外经历变量的交叉项显著正相关。这意味着，这两类交互作用对知识产权实现时间估计的极值响应具有正向的联合影响，说明专家对自己水平高低的判断影响极值响应的概率感知的效果既与专家企业属性有关，也与专家海外出国留学经历有关。但是，专家海外经历的回归系数为负且显著，说明专家长期海外留学工作经历，对知识产权实现时间的极值估计呈现负向影响，即在控制其他条件的情况下，相较于其他没有海外经历的专家，对极值估计的可能性会降低 30% 左右。同样在第一轮的样本回归分析中，印证了这些判断，概率值也有进一步的提高。由此我们可以认为，专家的海外经历对极值判断具有两面性：一方面会弱化极值估计的倾向；另一方面随着这部分专家对自己专业知识水平认知判断的提高，却出现了正向推动，进而助推专家的极值判断可能性。与研发基础极值估计的分析一样，这些交互作用在第二轮样本的回归分析中并不明显。

第四节　引发的思考

对于专家多样性研究意味着需要将多样性视为几个维度的混合，而不是单一维度的衡量。本书通过研究一组复杂的客观多样性和主观多样性来扩展研究这个概念，这些不同的多样性问题都会影响德尔菲法中的专家反应行为，包括本章所强调的专家极值响应问题。结果表明，在德尔菲法中，多样性的各个维度对响应行为有显著的影响关系，这是由于每个主观和客观多样性变量的固有特征以及他们之间的相互作用影响所导致的。

一、主要结论

一是本章拓展了对于极值响应问题的研究，首先选用了不同的被解释变量，利用"研发基础""实现知识产权时间"分别作为"现在"和"将来"的判断，可以进一步考察专家对于评价内容的认识不一致产生的响应差异。本章的研究表明，不同类型的专家对不同问题的极值响应行为判断并不一致，极值响应行为也因为问题本身考察重点的不同而有所差异。企业专家一般处于研发、管理和生产的一线，对于技术的研发水平研判更偏向中规中矩，但对于时间跨度的判断，如技术未来产业化实现时间等问题的判断，不同于研发水平现状估计，做出极端判断的可能性较大。

二是专家主观多样性变量（如专家自我评价等因素）对极值响应行为具有显著的影响关系。研究结果支持了风格反应被理解为个人特征与项目特征的相互作用这一说法（Podsakoff et al.，2003）。与传统其他研究不一样，本书采用的德尔菲调查问卷的样本数据可以比较不同轮次调查的专家响应差异，参与第二轮的专家相比第一轮专家，对研发基础、知识产权实现时间等问题极值判断的可能性会有所降低。如果该专家连续参加两轮并判断同样的技术，那么其做出极值判断的可能性会有所提高。随着专家自我评价越高，该专家做出极值响应的可能性就越大。

二、进一步的讨论

从结论中可以发现，在选择潜在的德尔菲法专家组成员时，需要合理地考虑易于观察的客观变量，如年龄、性别、职位、组织类型、经历等。作为主观多样性标准的专业知识掌握程度、参与程度等对极端反应有显著影响，特别还考虑与其他多样性变量相结合，还可能产生联合影响。因此，我们的研究发现，对于选择德尔菲法专家组有一定参考价值，可以利用这些发现去理解专家多样性、他们的相互作用和专家成员的反应行为。根据所需要的研究目的，有针对性地选择专家成员，获取更多的专家见解和观点。

本章的研究同样也对李克特量表设计方面提供了一些启示。为了避免反应风格造成的测量误差，早期文献多主张设计完全平衡的量表，在态度量表中均等的分配正向题和反向题，其目的是要确保可以侦测的反应风格，进而在估计量表结果时加以控制，获得较高的量表信度。参与调查的专家有时候习惯性地选择极端的回答选项，如果是非平衡型量表，因为其包含较多的正向问题，我们很难判断这种极端反应回答是否真正来自调查专家的本意，但如果在有较多反向题的量表中，就可以从其回答的行为并配合各题的题意，确定有没有极端反应的倾向。

但是，也有学者持不同意见，认为完全平衡型设计的量表也很难消除回答偏差问题，还有可能降低量表的信度和效度，如有学者利用不同的分析方法（如验证性因素分析与结构方程方法）检视完全平衡型量表的信度和效度，结果发现因素分析的结果无法收敛为一个因素维度，萃取出包含正向与反向的两个因素，造成量表中的题组无法一致地测量单一的理论概念，降低了量表的信度（内部一致性）和建构效度（Horan et al.，2003；Marsh，1996；Wong et al.，2003）。另外，趋同回答（Acquiescence）是相对于反向回答倾向来定义的，在均等分散正反向题目的完全平衡量表时，如果题目设计稍有不当或受访者的回答行为不一致，这种趋同可能因正向或反向题之间互相抵消而不易发现，从而影响量表的内容效度（Knowles & Condon，1999）。值得注意的是，假如一定要加入反向题，照样可以利用另外设计的量表，将测得的趋同倾向纳入态度的估计中，予以矫正趋同所造成的测量误差。因此，量表是否需要完全平衡设计，尚无定论，可考虑的方向是设计一个未必完全平衡但仍可观察反应风格，又能维持一定水准的信度和效度的平衡量表（杜素豪，2012）。

第八章 专家的开放问题态度

　　德尔菲法是技术预测的常用方法，是获取参与专家与技术问题之间交互反馈信息的一种常见的专家意见调查方法。这种通过问卷形式进行调查的方法也是研究专家心理变化的重要方式之一，是一种将要调查的内容以问题的形式提出，设计成问卷，然后让调查对象来回答，借此来收集研究所需材料的方法。传统德尔菲法设计封闭式问卷，主要针对备选技术的优先顺序形成共识性判断，这就有可能遗漏对一些非共识性技术或者是潜在颠覆性技术的研判，因此在设计德尔菲调查问卷的时候，一般会增加开放式问题的设置，以获取有价值的额外信息。开放式问题因为需要受访者提供更多的信息资源，处理过程可能在响应行为、程度等方面存在明显的差异。但是，这种响应行为在不同专家群体中的差异表现如何、影响因素和影响程度怎么样，已有研究较少关注。本书旨在探讨德尔菲法调查过程中，参与专家的个人特征、背景信息、认知资源等因素如何影响他们对于颠覆性技术研判开放式问题的响应行为，并进一步探讨对开放式问题的投入意愿。

第一节 开放问题及回答意愿

一、开放式问卷调查

开放式表示问卷上只提出问题，不列出答案，由调查对象自由回答。这种方式的优点是提问比较简单，回答也比较真实；缺点是只能定性分析，不能定量分析。这种提问方式适合研究者不知道或难以预测回答结果的研究，因而经常被用于预备性研究。

进入 20 世纪 90 年代，开放式问题变得越来越少。这种趋势出现的部分原因是，在问卷调查过程中，发现受访者从一组答项中选择答案时或在评估量表上作答时，可以更好地实现调查研究测量的目标，而且随着数据收集手段的网络化、智能化，数据收集者可以通过电脑来记录答案，因而开放式问题变得越来越少。尽管如此，开放式问题仍在调查研究中占有一席之地。第一，最常见的情况是，可能的答案数量大大超过所能合理容纳的范围。例如，如果让人们作答适用的技术、未来技术发展趋势是什么等，问题必须是开放式的。可能的答案显然不胜枚举、五花八门，并出乎意料。第二，某些问题更适合用叙述形式来回答，因为无法把这些答案压缩成几个字。例如，为了对技术突破进行可靠的编码，受访者需要描述未来突破的颠覆性技术是什么。只有一两个字的答案往往是含糊的，无法提供编码所需要的充分信息。让人们用自己的话来回答，更能够清晰描述自己所做的事情，这是一个获得所需信息的有效办法。同样，为了了解何种技术突破可能带来影响，答案也应该是叙述性的。有些技术可以用一两个字就讲清楚，但在多数情况下，最好的答案还需要一个详细描述性的回答。第三，询问开放式问题是测量知识的最佳途径之一。当用对错或多项选择题来测量知识时，有些正确答案可能是随机得来的，并不能反映受访者的知识水平。开放式问题通常是了解"专家知道什么"的一种更好的方法。第四，当人们想要知道结论、行为或偏好背后的推理过程时，最好的方法是倾听受访者自己说了些什么。由于受访者的语言技能和风格各不相同，因此有关人们做事理由或偏好依据的叙述性回答往往缺乏信度。另外，叙述性答案也为研究者提供了一个观察人们所思所想更直接的窗口。如果研究者想要弄清楚选择背后的原因，那么除了了解标准化、固定选项问题的答案外，应再听听叙述性回答。第五，为了收集有关潜在复杂情况的系统信息，询问开放式问题可能是最简单的方法。例如，询问未来的技术突破点、可能的颠覆性技术等问题，不同背景的专家就会有不同的可能性。然而，多种可能的答案以及某些潜在复杂性会使一系列固定选项的问题显得虚假、累赘，无法做到较为有效的沟通。最好的办法可能是让受访者用自己的话来解释选什么技术、为什么选这个技术。这样的方法可以使访谈互动更加切合实际，同时为研究者提供有关实际情况更好的、更适当的信息。

在技术预测开展过程中，核心内容是确定参与调查的技术清单。例如第六次国家技术预测，经过愿景需求分析和技术现状摸底评价两个环节，初步形成了关键技术清单，结合领域专家组的充分讨论，形成参与调查的技术清单。当然，参与讨论的专家组数量是有限的，一般为20人以上、50人以内，尽量覆盖各子领域，反映产学研用等不同方面，但还会产生不少的技术信息遗漏，尤其是对于未来需要突破的不确定性强、复杂性高的重点技术，那些潜在的颠覆性技术，或是一些没有形成共识的技术更是如此，容易在专家研讨过程中被遗漏疏忽。开放式问题的设置可以在一定程度上避免这种情况的发生，在领域专家组充分讨论形成技术清单的基础上，通过上述调研形式可以进一步征集突破性强、很难在专家群体中形成广泛共识的颠覆性技术、非共识技术。经过第一轮的意见征集，反馈给领域专家组，作为第二轮调查技术清单的增补选项；对第二轮的意见整理，可以形成专家对于颠覆性技术和非共识技术的清单建议。

二、专家回答意愿

网络调查形式对开放式问题答复质量的提升是个利好因素，问题的设计更为巧妙，输入更为便捷，而且还可以设置交互功能，允许在接受调查时增加与被调查者的互动（Conrad et al.，2003）。但是，不管形式如何变化，对开放式问题的答复也很难有积极的激励作用（Groves et al.，2004）。虽然开放式问卷允许答题者用自己的语言回答，而不受所提供答复类别的影响，但受访者对于开放式问题需要提供更多的认知资源，因此不作答率要比封闭式问题高很多（Fan & Yan，2010；Keusch，2015）。

开放式问卷方式比从选项列表中作答需要付出更多的努力，需要额外的设计特征来提高响应的质量。在自我管理的调查中，问卷不作答仍然是一个重要的问题，因为在调查过程中，没有面对面的形式来激励调查专家回答；当然，那些愿意作答的专家似乎更愿意填入更长的答案，会花费更多的时间来响应问题（Schaefer & Dillman，1998）。

开放式问题是调查研究的重要工具，因为受访者能够用自己的语言报告丰富而详细的信息，而不会受到一组选项的限制（Tourangeau et al.，2000）。虽然开放式问题往往会产生关于该主题的描述性信息，但它们更加烦琐，因为它们需要更多的时间来回答，并要求受访者撰写自己的答案。Krosnick（1999）指出，被调查者通常满足并提供一个符合问题要求的答案，但这样做至少要花费精力。因此，由于与开放式问题相关的额外负担，有些人可能不愿意回答这些问题，或者无法提供测量人员最想要的高质量答复。

网络调查重新激发了人们在自我管理调查中提出开放式问题的兴趣。早期的研究表明，与纸质调查相比，网络调查中的开放式问题可以产生可比的，有时甚至更高质量的答复；相对于纸张作答，人们更有可能在通过网络或电子邮件作答时提供更长、更周到的答复（Ramirez et al.，2000；Schaefer & Dillman，1998；Smyth et al.，2009）。此外，由于受访者能够以自己的速度做出回应，在回答网络调查时可能不会太过分心，他们可能会由于被激励对开放式问题提供更加完整的答复（Fricker et al.，2005）。

Smyth 等（2009）发现，可以在网上获得对开放式问题的高质量答复。具体来说，激励性介绍发言和答案的空间可以帮助提高人们提供回应的质量。其他研究还发现，纸张调查中更大的答案空间能够鼓励更长的答复（Christian & Dillman，2004；Israel，2006）。然而，项目无答复仍然是网络上的一个重要问题。

访谈式调查通常被用来鼓励那些可能不提供答案或提供非常简短答案的参与者对开放式问题做出回应，而且也可以来回互动，确保获得有价值信息（Groves er al.，2005）。因此，进行调查试验可以帮助给出比最初更准确和完整的反应。虽然试验可以改善对问题的反应，但在调查中一个点上的反馈也会影响调查其余部分的反应，所以试验也要谨慎使用，不应通过给出任何"正确"答案的指示来引导受访者（Cannell et al.，1981；Groves et al.，2005；Miller & Cannell，1982）。

针对开放式问题后续调查的设计应考虑以往对网络调查中交互特征的研究，以便有效地设计问卷，以产生更高质量的答复，而不会增加答题人的负担或挫折感。对能够提供定义或示例和错误信息的超链接进行的相关研究发现，访问该特性所需的步骤越多，其被使用的频率就越低（Best & Krueger，

2004；Conrad et al.，2006；Conrad et al.，2003）。关于进展指标的研究表明，这些指标似乎只对短期调查有效（Conrad et al.，2003；Couper et al.，2001）。在网络问卷的导航和设计中应有效地探索开放式问题，除了对调查作出答复外，不必再花费额外的努力。

传统的调查研究普遍认为，不参与行为的发生有四个可能的原因（Rogelberg & Luong，1998；Sosdian & Sharp，1980），即不可接触、无能力、粗心、不合作。其中前三种属于被动的不参与行为，最后一种属于主动的不参与行为。在网络调查中，由于调查发生的同步性即接收问卷和填写问卷几乎是同时进行的，因此在网络调查中不参与行为主要的形式属于主动不参与行为，即被调查者不配合调查者的调查参与要求。

第二节　影响因素与经验证据

一、影响因素

（一）人口背景

人口统计学特征的指标经常被用来检查反应行为的差异。关于开放式问题中的不回答问题，有理由认为性别和年龄可能是回答开放式问题能力的相关解释变量。女性通常比男性拥有更高的语言能力，如 Denscombe（2008）在关于网络调查中开放式问题答案长度的研究中发现，女性给出的答案比男性长得多。一些研究表明，女性似乎比男性更容易回答问题（Zuell et al.，

2015）。另外，女性在选择题中常常感到知识匮乏，而男性则倾向于猜测（Kenski & Jamieson，2000；Mondak & Anderson，2004）。也有一些研究发现，在回答开放式问题的可能性方面没有性别差异（Oudejans & Christian，2011）。在回答关于正反两方或左右两派相关认识的开放式问题时，猜测是很困难的，因此，性别差距可能较小。

此外，较年轻的受访者在业务方面的经验低于较年长的受访者，因为他们在这一领域的活跃时间较少。Craig 和 McCann（1978）、Kaldenberg 等（1994）以及 Lusk 等（2007）研究发现，随着年龄的增长，回复率和回复质量会有所下降，但也有学者研究认为，年龄和回复率不存在显著的关系（Franzen & Lazarsfeld，1945；Landry et al.，1988）。另外，Dalecki 等（1988）以及 Sobel 等（1990）认为，年龄与调查参与度存在正相关关系。

（二）认知能力——职称和出国经历

Beatty 和 Herrmann（2002）研究表明，不回答问题的第一个解释变量是认知能力，即被访者可能无法回答问题，这表明在关于未来是否存在颠覆性技术的开放式问题中，不回答问题受到认知能力的影响。认知能力是指记忆和将相关信息应用于反应任务的能力。心理学研究发现了四种认知状态（可用、可访问、可生成和不可估量）来对知识进行分类（Beatty et al.，1998）。然而，Geer（1988）报告说，与这些调查结果相反，所有答复者都能够回答开放式问题。

知识反映在教育成就和学习工作经历中。一般来说，受过良好教育的受访者至少可以从他们的记忆中提取需要回答的信息。职称越高意味着在相关领域已经有所建树，受访者可以更快地检索技术发展信息。有一年以上的出国学习（工作）的经历，可以更好地了解国际上的技术发展趋势，掌握更为直观的技术信息。职称层级和出国经历是开放式问题有无反应行为、是否愿意提供更多回应信息的解释变量。此外，受访者的教育程度可能是一个相关变量，尽管所有受访者都能够回答开放式问题，但受教育程度更好的受访者相较而言回答的可能性更大，因为对于掌握领域知识更为丰富的专家来说，组织答案的负担相对较小（Holland & Christian, 2009; Scholz & Zuell, 2012）。

（三）制度背景

文化是人类社会环境的重要组成部分，代表人们所共有的影响社会感知、态度、偏好的价值观的集合。专家所处的不同机构，如高校、研究机构、政府部门、行业协会等，都各自带有不同的文化属性。Albaum 等（1998）认为，不同的文化环境和经济条件对调查参与行为有不同影响。如果处在集体主义文化下的个体在作答过程中更容易受到社会期许的影响，更不容易表露自己的真实感受（蔡华俭等，2008）。但德尔菲法的匿名性特征使得被调查者和传统环境下的调查相比，受到社会期许的影响下降，由此被调查者更可能表露出真实感受。

二、经验证据

（一）直观经验证据

对开放式问题作出答复的专家结构情况进行分析，可以发现，第一、第二轮各有接近九成的专家是男性（见图 8-1）。从年龄分布来看，倾向作出开放式问题答复的专家有超过七成处于 41~60 岁，且第二轮该年龄区间的专家比例更多（见图 8-2）。从机构分布来看，主要集中在高校，科研院所其次，企业仅有 21%~23%，且第二轮企业的比例更是有所下降，高校专家比例提高2%（见图8-3）。主要是教授级别的高层次专家为主（见图8-4）。
超过半数的专家没有出国学习（工作）一年以上的经历（见图8-5）。

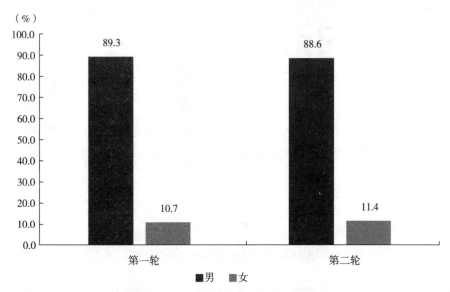

图 8-1　开放式问题响应的性别差异

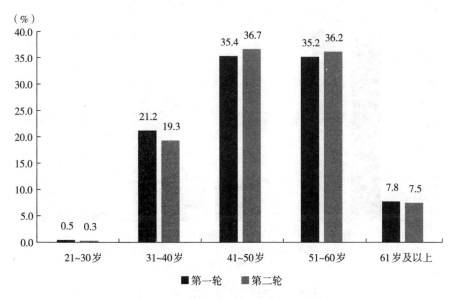

图 8-2　开放式问题响应的年龄分布

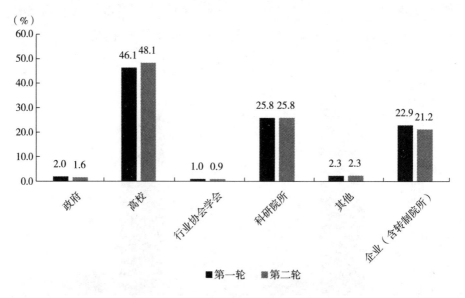

图 8-3 开放式问题响应的机构分布

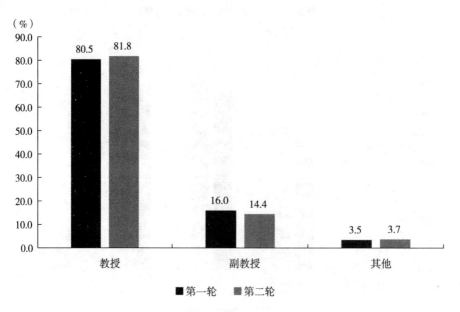

图 8-4 开放式问题响应的职称分布

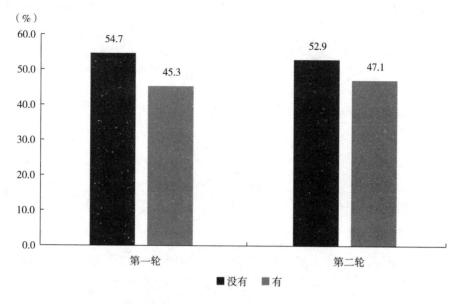

图 8-5 开放式问题响应的出国经历分布

（二）模型设计与描述统计

根据本书的研究思路，我们将计量模型设计为二元选择模型，为了使观点变化的变量 y 的预测值总是介于 $[0, 1]$，在给定 x（表示影响开放式问题应答的各类因素）的情况下，考虑 y 的两点分布概率：

$$\begin{cases} P(y=1|x) = F(x, \beta) \\ P(y=0|x) = 1 - F(x, \beta) \end{cases}$$

众所周知，二元选择模型由于存在异方差性以及被解释变量取值范围的限制，不能简单地采用普通最小二乘法进行估计。通过选择合适的函数形式 $F(x, \beta)$，可以保证 $0 \leqslant y \leqslant 1$，并将 y 理解为 "$y=1$" 发生的概率，$E(y|x) = 1 \times P(y=1|x) + 0 \times P(y=0|x) = P(y=1|x)$，即以 x 为条件，该专家作出开放式问题响应的概率。

如果 $F(x, \beta)$ 为逻辑分布的累积分布函数，采用二元 Logit 选择模型，则

$$P(y=1|x)=F(x, \beta) = \Lambda(x'\beta) \equiv \frac{\exp(x'\beta)}{1+\exp(x'\beta)}$$

如果 $F(x, \beta)$ 为标准正态累积分布函数，采用二元 Probit 选择模型，则

$$P(y=1|x) = F(x, \beta) = \Phi(x'\beta) \equiv \int_{-\infty}^{(x'\beta)} \phi(t)\,\mathrm{d}t$$

上述两个模型有很多相似之处，结论差别不大，本书限于篇幅，仅选择 Logit 模型的结果报告。由于不存在平方和分解共识，故无法计算 R^2。Stata 所报告的 Pseudo R^2 会在回归结果中显示，但并不代表拟合优度。我们主要通过 LR Chi^2 以及概率预测值的百分比来衡量拟合优度。

考虑到专家对于开放式问题的答复行为的反应分析，被解释变量字符数是非负整数，即 0，1，2，3，……通常适用"泊松回归"（Poisson Regression）。记被解释变量为 Y_i，假设观测值 Y_i 来自参数为 λ_i 的泊松分布：

$$P(Y_i=y_i|x_i)= \frac{e^{-\lambda_i}\lambda_i^{y_i}}{y_i!} \quad (y_i=0, 1, 2, \cdots)$$

其中，λ_i 为"泊松到达率"（Poisson Arrival Rate），由解释变量 x_i 所决定。泊松分布的期望与方差都等于泊松达到率，即 $E(Y_i|x_i) = Var(Y_i|x_i) = \lambda_i$。这里的局限在于泊松分布的期望与方差一定相等，被称为"均等分散"（Equidispersion）；但这个特征常与实际数据不符。如果被解释变量的方差明显大于期望，即存在"过度分散"（Over Dispersion），则适用"负二项回归"（Negative Binomial Regression），即假设样本来自"负二项分布"，然后利用 MLE 估计。根据两轮预测调查数据统计显示，两轮调查被解释变量样本的方差（Variance）是样本均值的好多倍。为放松此假定，采用负二项回归更为合适。也就是，假设某事件在一次实验中成功概率为 $\theta(0<\theta<1)$。记

Y 为在第 J 次成功前失败的总次数，则离散随机变量 Y 的分布规律为负二项分布（陈强，2014）。

值得注意的是，如果计数数据中含有大量的 0 值，则需要考虑适用零膨胀泊松回归或负二项回归。从理论上讲，决策可能分两个阶段进行。首先，决定"取零"或"取正整数"，这相当于二值选择。其次，如果决定"取正整数"，则进一步去确定具体选择哪个正整数。为此，假定被解释变量为 Y_i 服从以下"混合分布"：

$$\begin{cases} P(y_i = 0 | x_i) = \theta \\ P(y_i = j | x_i) = \dfrac{(1-\theta) e^{-\lambda_i} \lambda_i^{y_i}}{j!} \dfrac{}{(1-e^{-\lambda_i})} (j = 1, 2, \cdots) \end{cases}$$

其中，$\lambda_i = \exp(x_i' \beta)$，而 $\theta (>0)$ 与 β 为待估参数。可以证明，$\sum\limits_{j=0}^{\infty} P(y_i = j | x_i) = 1$。因此，这是一个离散随机变量的分布律。进一步，可以让 θ 依赖于解释变量 $z_i(z_i$ 可以等于 x_i，或与 x_i 有重叠部分），并用 Logit 模型来估计此二值选择问题，即 $y_i = 0$ 或 $y_i > 0$。使用 MLE 估计以上模型，即得到"零膨胀泊松回归"。类似地，可以定义"零膨胀负二项回归"。

究竟应该使用标准的泊松回归还是零膨胀泊松回归？Stata 提供了一个"Vuong 统计量"（Vuong，1989），其渐近分布为标准正态。如果 Vuong 统计量很大，则应选择零膨胀泊松回归；反之，如果 Vuong 统计量很小，则应选择标准泊松回归（或"标准负二项回归"）。

为了测试德尔菲预测调查专家对于开放式问题的响应行为，本书利用第六次国家技术预测两轮的德尔菲调查问卷数据材料，分析专家对于"您认为本领域最可能产生的颠覆性技术（请附说明）"开放式问题的响应情况，分别选取了有无响应和"字数统计"两个不同维度的因变量进行计量分析。其中，有无响应变量，着重考察专家对开放式问题的意愿判断，而"字数统计"因变量，则是对专家对开放式问题响应程度的研判。选取这两个不同类型的问题作为开放式问题专家响应行为研究对象，可以从问题设计视角来进一步检视专家开放式问题响应行为的差异。为了测试潜在的非回答偏见并避免其潜在问题，本书将分别对第一轮、第二轮的不同小组进行统计分析，并进行曼-惠特尼 U 检验，在几轮调查者的回答中没有发现统计学上的显著差异。

第三节　回答意愿分析

本书的实证分析使用极大似然法和稳健的标准误进行估计，实证分析结果如表 8-1 所示，Pseudo R^2 值并不高，但是 LR 统计量对应的 p 值均为 0.00，故整个方程所有系数（除常数项）的联合显著性较高。

一、二元选择模型初步结论

从表 8-2 中可以发现，作为人口背景指标的性别与年龄系数为负，且在 1%的水平上显著，说明专家的人口背景对开放式问题的响应有着显著的影响。具体来看，控制其他因素的影响，女性专家对开放式问题做出响应的倾向是男性专家的 0.65 倍左右。相较而言，男性专家更乐于提出对未来颠覆性技术的研判，并愿意进行适当的阐释。年龄的系数为 0.26~0.38，发生比率在 0.7 上下，而且显著，说明一个等级年龄层次的升高将促使对开放式问题的作出答复的可能性提升 0.7 倍左右。这意味着，年龄越大，阅历越深，越不愿意对类似未来颠覆性技术判断的发散性问题做出回应。对于机构属性变量，回归结果显示系数并不显著。也就是说，专家来源的机构属性、

表 8-1　变量与描述统计

	变量	变量含义与赋值	第一轮				第二轮			
			最小值	最大值	均值	标准差	最小值	最大值	均值	标准差
自变量 响应行为	响应行为	有答复=1; 没有答复=0	0.000	1.000	0.664	0.472	0.000	1.000	0.632	0.482
	响应程度	对开放式问题的答题字数	0.000	977.000	60.936	114.343	0.000	986.000	54.786	105.828
人口特征	女性	女=1; 男=0	0.000	1.000	0.123	0.328	0.000	1.000	0.123	0.328
	年龄	≤40 岁=1; 41～49 岁=2; ≥50 岁=3	1.000	3.000	2.266	0.759	1.000	3.000	2.280	0.748
	职称	中级职称=1; 副高级职称=2; 正高级职称=3	1.000	3.000	2.755	0.526	1.000	3.000	2.777	0.508
	海外经历	海外留学工作一年以上为"1", 否则为"0"	0.000	1.000	0.443	0.497	0.000	1.000	0.465	0.499
机构属性	高校	高校=1, 非高校=0	0.000	1.000	0.438	0.496	0.000	1.000	0.455	0.498
	院所	院所=1, 非院所=0	0.000	1.000	0.266	0.442	0.000	1.000	0.263	0.440
	企业	企业=1, 非企业=0	0.000	1.000	0.237	0.426	0.000	1.000	0.228	0.420
因变量	参与度	积极参与两轮调查设为"1", 否则为"0"					0.000	1.000	0.510	0.500
领域特征	前沿交叉领域	属于前沿交叉领域=1, 不属于=0	0.000	1.000	0.018	0.133	0.000	1.000	0.017	0.128
	高新技术领域	属于高新技术领域=1, 不属于=0	0.000	1.000	0.374	0.484	0.000	1.000	0.395	0.489

表 8-2　开放式问题专家响应行为二元 **Logit** 回归结果（第一轮）

	NO2001	系数值	Odds ratio	系数值	Odds ratio	系数值	Odds ratio	系数值	Odds ratio
人口特征	女性	-0.426 *** (0.139)	0.653	-0.409 *** (0.140)	0.664	-0.409 *** (0.140)	0.664	-0.430 *** (0.141)	0.650
	年龄	-0.280 *** (0.064)	0.755	-0.262 *** (0.065)	0.770	-0.377 *** (0.073)	0.686	-0.376 *** (0.074)	0.686
	职称					0.375 *** (0.103)	1.455	0.399 *** (0.104)	1.490
	出国					0.006 (0.103)	1.005	0.026 (0.104)	1.026
机构属性	高校			0.368 * (0.204)	1.445	0.270 (0.211)	1.310	0.292 (0.211)	1.339
	院所			0.157 (0.210)	1.170	0.084 (0.213)	1.087	0.113 (0.213)	1.119
	企业			0.141 (0.213)	1.151	0.177 (0.214)	1.194	0.237 (0.215)	1.267
领域特征	前沿交叉领域							-1.399 *** (0.358)	0.247
	高新技术领域							-0.254 ** (0.101)	0.776
	常数项	1.380 *** (0.158)	3.975	1.102 *** (0.253)	3.010	0.387 (0.318)	1.474	0.405 (0.322)	1.498
	Log likelihood	-1262.775		-1259.595		-1253.034		-1242.786	
	LR chi^2	28.66		35.01		48.14		68.63	
	Pseudo R^2	0.011		0.014		0.019		0.027	

注：括号内为估计参数值的标准差；*、**、*** 分别表示在 10%、5%、1% 的水平上显著。

组织文化背景因素，对于开放式问题的响应并没有显著的影响。控制其他因素影响，职称因素变量的回归系数为 0.375~0.399，且在 1% 的水平上显著，说明职称每提高一个层级，专家响应开放式问题的倾向提高近 1.5 倍。作为典型的认知能力因素，职称越高意味着在该领域研究已经做出了一定贡献，获得了领域同行专家的认可，也更愿意对未来颠覆性技术的研判提出自己的看法，形成自己的判断。专业背景因素指标方面，前沿交叉、高新技术领域的专家背景变量的回归系数均为负，且在 5% 的水平上显著，可见不同专业领域专家对颠覆性技术的开放式问题响应是有显著差异的。前沿交叉、高新技术领域代表新兴领域，面对的新兴技术更为复杂，更具不确定性，对于未来颠覆性技术的判断，很难用确切的语言进行阐释，反而对提出具体的颠覆性技术进行阐释持有更为保守的态度，相较于来自其他领域的专家，更不愿意提出自己的观点。

　　针对第二轮调查的回归结果如表 8-3 所示。无论参加第一轮，还是第二轮调查的专家，人口背景变量的负向显著影响没有改变，来自前沿交叉领域的专家仍旧倾向不对开放式问题进行答复。但是作为机构属性变量的高校，系数为 0.371~0.407，且在 5% 的水平上显著，表明来自高校的专家对颠覆性技术判断开放式问题的答复倾向是非高校专家的 1.5 倍左右。由于德尔菲预测调查，希望专家连续参加两轮，而且会把第一轮的结果反馈至第二轮，第二轮参与的专家可以根据第一轮专家的响应情况及结果，再次做出新的判断。不难发现，参与度变量的回归系数为 0.432，且在 1% 的水平上显著，这意味着，连续参加两轮调查的专家相较于只参加一轮的专家对开放式问题进行答复的倾向提升了 1.539 倍，他们更愿意提供专业的颠覆性技术判断与阐释。

表 8-3 开放式问题专家响应行为二元 Logit 回归结果（第二轮）

N3922		系数值	Odds ratio	系数值	Odds ratio	系数值	Odds ratio	系数值	Odds ratio	系数值	Odds ratio
人口特征	女性	-0.255*** (0.099)	0.774	-0.240** (0.099)	0.786	-0.241** (0.099)	0.786	-0.256** (0.099)	0.774	-0.257** (0.100)	0.772
	年龄	-0.200*** (0.045)	0.818	-0.192*** (0.045)	0.825	-0.222*** (0.050)	0.801	-0.223*** (0.050)	0.800	-0.223*** (0.050)	0.799
	职称					0.106 (0.075)	1.112	0.117 (0.074)	1.124	0.131* (0.075)	1.140
	出国					-0.031 (0.071)	0.969	-0.022 (0.071)	0.978	-0.006 (0.072)	0.994
机构属性	高校	0.388*** (0.148)	1.474	0.371** (0.152)	1.450	0.386** (0.153)	1.470	0.407*** (0.154)	1.503		
	院所	0.236 (0.154)	1.267	0.219 (0.155)	1.245	0.237 (0.155)	1.267	0.252 (0.155)	1.286		
	企业	0.050 (0.155)	1.052	0.057 (0.155)	1.058	0.091 (0.156)	1.095	0.099 (0.157)	1.104		

续表

	N3922	系数值	Odds ratio	系数值	Odds ratio	系数值	Odds ratio	系数值	Odds ratio	系数值	Odds ratio
领域特征	前沿交叉领域							-0.657** (0.255)	0.518	-0.684*** (0.256)	0.505
	高新技术领域							-0.126* (0.069)	0.881	-0.107 (0.070)	0.898
反馈信息	参加两轮									0.432*** (0.067)	1.539
常数项		1.031*** (0.109)	2.805	0.762*** (0.179)	2.144	0.562** (0.231)	1.753	0.574** (0.232)	1.776	0.293 (0.237)	1.340
Log likelihood		-2567.225		-2557.566		-2556.482		-2551.98		-2531.304	
LR chi²		26.74		46.06		48.23		57.23		98.58	
Pseudo R²		0.005		0.009		0.010		0.012		0.019	

注：括号内为估计参数值的标准差；*、**、***分别表示在10%、5%、1%的水平上显著。

二、计数模型进一步验证分析

LR test of alpha 检验结果显示，可以在 5% 水平上拒绝过度分散参数 alpha=0 的原假设（对应于泊松分布），即认为采用负二项回归是合适的。因为在参与调查的过程中，不少专家并没有对开放式问题作出明确的表示，也就是说，被解释变量有不少零值，所以需要在标准、零膨胀负二项回归之间进行选择。两轮调查统计结果显示，样本的 Vuong 统计量分别为 18.95 和 23.93，在 0.1% 的水平下无法拒绝零膨胀负二项回归，因此零膨胀负二项回归是一个比较好的选择。

表 8-4 报告了开放式问题专家响应行为的泊松回归结果。在第一轮的专家调查中，人口背景、机构属性（制度背景）、专家认知能力对于专家开放式问题答题内容长度并没有显著的影响。答题内容多少更多的是来自专业技术领域背景因素的影响。来自前沿交叉领域的专家对开放式问题答复内容具有负向影响，在 5% 的水平上显著，但是专家来自能源、信息、制造、材料等高新技术领域对答复内容长度并没有显著的影响。整体上，2001 名专家所填的平均字数为 61，前沿交叉领域专家平均字数仅为 16，且在 36 名专家中，有 23 名专家没有对该开放式问题进行答复。前沿交叉领域代表新兴领域，面对的新兴技术更为复杂，更具不确定性，对于未来颠覆性技术的判断，很难用确切的语言进行阐释，更多的是提出技术的关键性描述，如该领域专家所提出的"量子信息处理、类脑计算、透明地球探测、基因编辑"等技术。

基于第二轮调查问卷的回归结果显示，女性专家的人口特征因素对开放式问题的答复内容长度具有显著的负向影响，这一点与传统的研究结论有所不同，根据 Denscombe（2008）的研究，女性通常比男性拥有更多的语言技能，

表 8-4　开放式问题专家响应行为的泊松回归结果

	变量	第一轮		第二轮			
		负二项回归	零膨胀	负二项回归	负二项回归	零膨胀	零膨胀
人口特征	女性	-0.131 (0.147)	-0.027 (0.114)	-0.323*** (0.102)	-0.382*** (0.101)	-0.274*** (0.079)	-0.317*** (0.079)
	年龄	-0.175** (0.070)	-0.074 (0.051)	-0.125*** (0.049)	-0.116*** (0.049)	-0.063* (0.036)	-0.055 (0.036)
	职称	0.148 (0.110)	0.021 (0.083)	0.037 (0.077)	0.020 (0.075)	-0.003 (0.059)	-0.015 (0.058)
	出国	0.130 (0.105)	0.147** (0.077)	-0.024 (0.071)	-0.034 (0.069)	-0.004 (0.054)	-0.015 (0.053)
机构属性	高校	-0.098 (0.219)	-0.202 (0.168)	0.048 (0.156)	0.095 (0.155)	-0.070 (0.123)	-0.035 (0.122)
	院所	-0.128 (0.220)	-0.174 (0.169)	0.007 (0.158)	0.057 (0.157)	-0.046 (0.126)	-0.009 (0.125)
	企业	-0.019 (0.221)	-0.085 (0.171)	-0.077 (0.159)	-0.098 (0.158)	-0.103 (0.127)	-0.120 (0.126)
领域特征	前沿交叉领域	-1.319*** (0.364)	-0.873** (0.341)	-0.845*** (0.262)	-0.739*** (0.260)	-0.660*** (0.221)	-0.572** (0.220)
	高新技术领域	-0.052 (0.101)	0.017 (0.074)	-0.119 (0.069)	-0.104 (0.069)	-0.069 (0.053)	-0.058 (0.053)
反馈信息	参与两轮				0.481*** (0.066)		0.356*** (0.051)
	常数项	4.158*** (0.323)	4.669*** (0.248)	4.273*** (0.232)	4.002*** (0.232)	4.613*** (0.181)	4.405*** (0.182)
	Log likelihood	-8631.924	-8507.627	-16772.3367	-16746.659	-16573.500	-16549.480
	LR chi^2	19.99	13.14	30.24	81.75	24.60	72.64
	Pseudo R^2	0.001		0.001	0.003		

注：括号内为估计参数值的标准差；*、**、***分别表示在10%、5%、1%的水平上显著。

因此女性给出的答案要比男性长得多。我们的研究并不支持这个结论。可能的一个解释是，对于未来充满不确定的颠覆性技术的判断，男性专家倾向展现自己的知识，充分展示对未来的猜测（Kenski & Jamieson，2000；Mondak & Anderson，2004）。然而第一轮调查的计量结果却显示其并不显著。前沿交叉领域专家依旧保持显著的负向影响。专家参与度表明了专家对于技术预测调查的重视程度，从回归结果可以看出，那些热衷于参加预测调查的专家，不仅倾向于对开放式问题进行答复，而且也会尽可能地去阐释颠覆性技术，对开放式问题的答复具有促进作用，且十分显著。负二项回归和零膨胀负二项回归结果均支持这一结论。

第四节　开放问题的讨论

在本书中，我们使用网络调查检查了专家对于未来 5～15 年颠覆性技术发展相关开放问题的自我回答。在本节中，我们将讨论当前的研究结果，并与以前的研究结果进行比较。

一、对开放式问题的回答意愿

目前，两轮德尔菲专家调查中分别有 33.6% 和 19.7% 的专家没有回答开放式问题。与之前的研究（Zuell et al.，2015）相比，对开放式问题的不回答率是比较低的，虽然这里开放式问题并不需要强制性回答，为了减少受访者提供文本的"负担"，受访者可以选择是否回答开放式问题，但是大多数受访者提供了这些问题的答案。本次调查属于混合方法调查，结果大大高于

Leleu 等（2011）的研究，即在混合方法调查中对专家的开放问题的回答率（Smith et al.，2007）为 13.8%～19.1%，也高于 Runge 等（2014）的研究，他们进行了一项面对面的调查，对开放式问题的回答率约为 28.5%。

这个结果似乎与我们最初的预期有些不符，即大部分专家都对于未来技术方向有着自己的理解，不满足于对既有技术进行预测评价，希望提出新的方向。同时，本次技术预测，缺少征求技术需求清单的调查环节，对备选技术清单的凝练主要基于专家组会议研讨、信息扫描、意见征集、文献计量等手段，可能并不能覆盖各方专家。相对而言，两轮德尔菲调查面向更大范围的专家群体，尤其是一些并没有参与到领域专家组的专家，这类开放式问题的设置，可以将部分遗漏的技术重新引入专家组的视野，供其进一步审视甄别。当然，也有另外一类情况，从专家的角度来看，科技管理部门组织的技术预测研究与科技规划和战略结合得更为紧密，部分专家期望通过对开放式问题的回应，争取将相关技术纳入规划战略研究内容当中。与一般的问卷调查相比，技术预测调查很容易让专家感受到其中的重要性，具有较高的响应率。

二、人口统计学测量方法和以前的使用行为的影响

我们考虑了专家受访者性别和年龄等人口统计学特征对开放式问题回答行为的影响。关于性别，在这次调查中，男性比女性更容易回答开放式问题。这一结果支持了 Emde（2014）的结论。然而，最近的一项研究（Zuell et al.，2015）发现了相反的结果，即女性比男性更有可能在网络调查中回答开放式问题。未来的研究可以测试男性是否对我们研究中的调查主题更感兴趣，因为有趣的话题可以提高受访者对开放式问题的回答率（Groves et al.，2004；Holland & Christian，2009），男性是否对于颠覆性技术发展更为关注，

需要进一步的研究。关于年龄，我们发现年长的受访者比年轻的受访者更不愿意回答开放式问题。这一发现与一项大型政府雇员调查中关于年长员工不太可能回答开放式问题的发现相一致（Andrews，2005）。然而，与我们的研究结论相反，Miller 和 Dumford（2014）发现，年长的受访者明显比年轻的同龄人更有可能回答开放式问题。在本次调查中，我们可以进一步考虑职称因素作为人口统计学指标。回答开放式问题需要认知能力，因此专业知识的积累可能比年龄或性别更能影响反应行为。本书的研究表明，随着专家职称序列越来越高，越倾向于对开放式问题做出响应行为。总之，我们必须谨慎地使用或解释性别和年龄等人口统计学因素对受访者的影响。

人口统计学指标对受访者回答开放式问题的矛盾结果可能是由于不同研究中使用问题所涵盖的主题有所差异，而主题可能会影响受访者的回答能力和动机。上述论点可能会得到本书中另一项发现的支持。习惯网络问卷调查方式的受访专家者往往更加频繁地回答开放式问题。网络行为对不同的人意味着不同的习惯。这与受访专家的互联网资源和计算机素养有关（Fan & Yan，2010）。我们必须了解在特定情况下与其他个人变量结合时，人口统计测量对开放问题回答的影响。例如，如果使用的主题与特定群体（如男性或更年轻）的技能或经验领域一致，该群体更有可能回答开放式问题。

三、研究不足和启示

当然，本书的局限性也是很明显的。首先，与之前的许多研究一样，本书使用的数据来自网络调查，而这种获取研究数据便利的方法可能影响了某些研究变量的采集。例如，开放式问题的类型（即特定于解释或特定于评论的问题）是当前研究中所考虑的重点内容之一。然而，该问题放在了最后，可能影响了受访者的回答。其次，由于在最初的研究设计中考虑不足，回答没有进一步编码。在本书中，我们试图对开放式问题回答内容进行分类。然而，在处理封闭的答案和开放式问题之间的关系时，评论和建议很难区分。进一步研究可以对开放式问题的相应回答进行编码，以提高对封闭式问题和开放式问题关系的系统理解。此外，本书只有一个开放式问题，用于征询专家意见。我们认为，这项研究应该在未来扩展，包括调查更多开放式问题。最后，本书所依据的网络调查在中国进行，针对国家关键技术进行预判，属于在特定设置下完成的问卷响应，而且专家群体主要是领域技术专家，样本分布可能并不平衡。

对于受访专家背景的影响认识应抱有谨慎的态度（Zuell & Scholz, 2015）。目前的研究主要关注受访者对领域颠覆性技术开放式问题的回答。研究结果表明，性别、年龄和既往使用行为会影响受访者对开放式问题的回答意愿与程度。此外，受访专家所属的技术领域特征则是开放式问题回答的重要影响因素。特别地，高新技术领域、前沿交叉领域对颠覆性技术开放式问题的答题意愿具有显著负向影响。虽然颠覆性技术更多出现在高新技术领域、前沿交叉领域，但是从专家的视角来看，可能其他领域专家的参与，更能发现潜在的颠覆性技术方向。

未来有关技术预测的研究，在分析受访专家开放式问卷响应意愿的同时，还要关注可能影响受访专家答题行为的心理特征，以及答题质量，这些衍生的研究对于提升技术预测专家调查行为，提高研究质量将有更大的参考价值。

第九章　偏差缓解与优化

在技术预测的一个或多个关键阶段中，专家参与所提供的意见有可能存在偏差。技术预测文献与社会心理学相关研究均阐释了上述观点。大量研究尝试从新的角度审视该问题，探讨认知偏差的潜在影响，而且这些研究发现，德尔菲方法可能缓解一些但并非全部的偏差。因此，通过大样本、覆盖不同技术领域，去探讨调查过程中专家的行为表现及其背后的逻辑是值得关注的议题。显然，研究结论表明有必要采取几种缓解策略，不仅需要方法上的组合优化，还需要组织、流程上的优化。

第一节　偏差的缓解

众所周知，在技术预测进行过程中，专家实际上更喜欢参与类似面对面的交流方法。此外，专家经常会分组，而不是孤立地按照程序进行预测。在德尔菲法程序中，估计值的修改是独自匿名进行的。与其他方法相比，会缓解一些偏差，但同时也会给预测实践带来其他失真问题。这些偏差很难克服，需要整合使用多种缓解策略，给予专门关注。

一、提升专家来源多样性

正如本书第一章所阐释的，科技发展的不确定性引发精英专家决策模式受到质疑。需要结合专家的观点与其他专家、非专家人员的观点来开阔视野。这也是通过增加参与者来源缓解认知偏差的一个重要出发点。多样性并不等同于常规的多专家方法，例如传统专家小组或德尔菲法。长期以来，这种策略已在文献中得到认可：专家通常过度自信，在高度不确定的情况下进行预测时，我们应使用多种方法并使用相等的权重综合预测结果。因此，从不同领域选择专家是既定的解决方案（例如，其他技术领域专家、社科专家等）。然而，众所周知，如果专家的判断是正相关的（从技术上来说，如果他们的错误是正相关的），则问询多个专家可能也不会消除偏差。在小组讨论之前，小组成员中选择相同替代方案的人越多，他们对支持信息就越偏重。

技术预测方法学发展的主要推动力来自于参与性方面的关注，或是减轻个人意见权重方面的努力。Cuhls（2003）、Cuhls 和 Georghiou（2004）、Cuhls 和 Jaspers（2004）等文献较早地对参与式方法缓解专家偏差可能性问题进行了研究。提升专家贡献的参与性有两个主要方向：学科多样性和非专家群体多样性。为了让更多专家参与，引入多领域的方向，方法论层面已经做了大量的工作。主要目的是就领域专家的观点进行深入交流，特别是在复杂、大规模、社会性问题当中，这些问题不是学术专家的独特领域。参与式方法的另一个视角是引入非专家，即提高公民、非专业人士和各种利益相关者的参与。有研究认为，专家的预测通常会比非专家表现更差。Tetlock（2006）对政治判断的研究支持了这一观点。从这个角度来看，让利益相关者和非专家参与预测过程可以提高科技决策过程的合理性，也有利于提升预测结果的质量。在这里，多样性的意义在于专家和非专家之间的多元性。

提高参与者人数以减少失真的理念很早就有，可追溯到 De Jouvenel（1967）的开创性文章。然而，总体来看，小组或集体程序并不一定能够有效纠正个体的认知偏差。有时纠正，有时却并没有。关键问题不在于是否应邀请非专家人员参与，而是要求专家和非专家人员共同参与（Burgman，2016）。也有证据表明，利益相关者的参与，尽管增加了合理性，却会给可信度、对研究的科学和技术质量的信任度方面造成困扰。此外，人们可能认识到偏差的存在，但他们通常认为他人更易产生偏差，这种现象称为盲点。孤立地采取参与性方法并不能解决偏差问题。关键的区别并不是基于专家的方法和参与式方法之间的区别，而是开放与封闭之间的区别。

将参与式、多方利益相关者方法与形式化方法相结合，有助于使观点的多样性更加明确和突出，从而有利于批判性思维的介入。例如，让非专家人士参与听取未来技术用户的声音是一种比较有效的方法，但需要以合适的支持方法来避免认知和实践观点的不一致。还有，我们需要进一步地研究，以受控的方式研究参与技术预测专家的多样性（学科多样性或非专家多样性）在多大程度上缓解了认知偏差。

二、尝试使用否定缓解策略

反过来看，预测调查过程中相异或一些极值观点也具有很大的价值，即实施否定策略可以使专家系统地考虑和贡献相反的观点，以克服或缓解偏差。

一些文献研究了系统地要求专家"考虑反对意见"，或向专家提供"偏好不一致的建议"的效果，要求其给出最强烈的相反观点或使其接触相反的少数观点或故意让专家与持相反意见的人进行辩论探讨。最有效的过程是给予专家多方面的意见，然后再进行分类反馈，这样就可以考虑不同意见和少数意见，并催生更多新颖观点。Mussweiler 等（2000）以及 Furnham 和 Boo（2011）研究发现，使用这种"考虑反对意见"策略，可以缓解类似锚定的意见偏差。还有学者建议使用矛盾法来汇总对立的行动观点，要求管理者识别并接受矛盾力量的存在。这在情景发展文献中比较常见，通过要求参与者构建并描绘理想的未来愿景，引入各种观点，甚至是矛盾的意见。由于这类愿景离我们很遥远，可以最大程度地减少对行为者和利益相关者当前的威胁，利用矩阵表示专家对给定问题所产生的所有影响关系，以使其表现出差异，打破共识并促进进一步的讨论。

压力测试在金融部门经常使用，可以将类似的方法引入技术预测领域，以期在早期阶段识别技术发展的潜在风险与路径。Apreda 等（2014）研究发现，通过对未来技术的抽象表示进行系统的失效模式、影响和危害性分析，即使技术处于早期阶段，也有可能识别出潜在的失效领域。专家往往过度自信，而且在我国科技决策和承担项目过程中，缺少惩戒式的事后评估，项目的好坏对专家个人的影响不大，这样会使失效可能性受到低估。如 Fischhoff 等（1978）研究指出，人们从不鉴别失效树或导致复杂系统故障的路径中有多少完整表示被遗漏。最近有关过分乐观的社会学文献印证了这个问题。新技术可能会失败的原因有很多。Negro 等（2008）关于荷兰生物质气化的研究发现，在政府没有明确承诺的情况下，在能源技术还处于起步阶段，引入能源市场的自由化，私人公司并没有如预测中那样愿意进入这一领域。

技术预测强调专家意见共识的同时，应明确地采用"否定"观点作为任何预测实践的重要组成部分。系统地使用旨在产生"消极观点"的方法将产生更多差异化的观点，从而提高预测活动的质量。消极观点也可能会缓解过度自信、过度乐观、期望偏差等行为。

三、增加专家对技术预测的理解

技术预测应该有助于克服技术专家遵循的思维定式，将技术问题置于背景中分析，以最大限度地提高与当前目标的相关性。在这个过程中，应确保组织专家将其推理过程的假设保持更长的时间，以避免由于启发式过程而过早陷入狭义的技术描述中。为了进行假设推理，人们必须能够长时间抽象思考，这对于参与人头脑而言将是一项艰巨的任务。实际上，专家们从技术发展水平出发进行推理，可以很好地了解产品架构、主系统和子系统以及各个组件方面的所有细节，这些细节记录在技术规范、草图和图纸、计算和软件输出当中。

一般来说，专家拥有的领域知识越多，其思维就越容易形成路径依赖，减少可供探索的替代方法，造成解决创造性问题的思维定式。Tetlock 和 Lebow（2001）的研究表明，那些偏爱解释性闭合和理论驱动的专家倾向于夸大他们的认识能力。在这种情形下开展研究，将现有解决方案的性能或演进路径进行预测是有严重后果的。与现有解决方案完全不同的技术趋势在面临挑战时，如果专家仍以相同的方式进行推理，没有激活技术运行的替代方案，就有可能导致期望偏差，过度自信也会随之而来。

在描述技术问题时，通常的经验是，对技术性能非常熟练的人往往无法清楚表达同一技术的用户体验。当评估未来技术解决方案可以在何种程度上满足用户需求时，专家通常会使用极其简化的表示形式，将自己局限于需求中所述目的，认为用户将很快认识到技术的好处。这种错误的共识和锚定偏差成为结构推理的自然结果，是一种对潜在失败风险的低估。Apreda 等（2016）论证了功能分析在技术预测方面的作用，说明了对技术的抽象表示可以缓解专家的过度自信，并识别可能被虚假信息掩盖的技术轨迹。通过功能分析，可以更加轻松地将复杂的技术问题分解为子问题，因此应将功能分析过程反映到关键技术清单，并成为描述关键技术的核心内容，这可以在一定程度上缓解规划谬误的产生以及专家意见偏差。

第二节　专家的选择

德尔菲法作为一种专家调查法，是以专家作为信息获取对象，依靠专家的知识和经验，通过调查研究由专家对问题做出判断、评估和预测的方法。专家群体参与类型决定了研究结论和研究质量。因此，选聘专家不仅会影响调查效果，而且也会左右调查结果的权威性，其决定了调查结果的成败。

一、专家选择的标准

Hoffman（1987）为描述和评估专家知识的方法提供了一种工作分类，在为预测项目选择合适的专家时可考虑这些准则。为一个预测研究选择专家不难，难点在于选择合适的专家，可以尝试从以下三个步骤来解决：

（1）确定技术预测的目的和要求（根据预测的目的、资源和问题）。

（2）确定哪种方法适合技术预测活动（根据专家的不同类别和专家的可用性）。

（3）确定哪些人适合您的项目（根据有关专家现有公开信息以及专家在其他个人评估方法中合作的意愿）。

既然德尔菲法带有主观性，以专家学者意见为重要信息来源（Hudson，1988），那么专家小组成员的选择是研究成败的关键。Mitchell（1991）指出，界定专家可以参考的标准有三个方面：相关文献中提及的专业人士；对产业有深入了解的人士；获得其他专家成员推荐的人士。首先，必须确定所需专业的范围。当然，我们也不能就技术谈论技术，不应忽视非技术因素的重要性。通常，专家小组的成员被错误地局限于技术专家，这可能导致过分强调技术上的可行性，从技术发展趋势的角度判断什么时候可以达到什么技术，而忽略未来需要什么样的技术来解决可能产生的问题，无法获得一个关于"在现实世界中什么将会发生"式的真正预测。在现实世界中，技术专家并不是事态发展的唯一主力。其次，一旦确定了所涉及的领域，就必须挑选有关专家进行合作。既然我们的目的是寻求所能得到的最好的意见，因此理想的人选不仅应来自领域内部组织，还应当包括一些外围专家。因此，总体上看，编制专家名单主要依据的是专家学者参与的意愿、专业能力以及多样化的代表性。提升参与意愿可提高问卷的回收率，专业能力与多样化的代表性则会影响研究结果的信度与效度（Martino，1983）。

二、寻找专家的途径

如前面章节所说，理想的专家人选不仅来自领域内部，还包括外围专家，表 9-1 列出了这两类专家的优缺点。具体可以通过以下途径确定专家：

- 与您认识的专家建立联系；
- 专业协会数据库；
- 专利数据库；
- 书籍和论文中的引用；
- 学术部门；
- 确定相关的利益相关者：实施、使用或处理技术成果期间的参与者。

表 9-1 内部专家和外部专家的优缺点

优缺点	内部专家	外部专家
优点	理解决策环境 理解组织文化 更容易确定参与该项目 容易形成共识性的决定	带来新鲜的观点 发挥他们在系统设计、组织，以及类似预测项目的经验优势 提供预测无法获得的有价值的信息
缺点	• 专家们可能"位置决定想法"，例如，对于自己所从事的技术方向研究不太可能预测它会失败 • 专家们会有很多共同特征——"共同偏差"，比如，共同的背景、主流观点、文化规范，或者仅仅是相同的资讯来源，这些都是偏差的来源	• 专业知识可能不适合预测项目的专业要求 • 存在与专家背景有关的未知偏差，这种偏差难以确定 • 专家之间存在共同的背景、观点

根据所使用的预测方法，专家可以通过提供未来的观点来对预测做出贡献。但也需要注意一些细节，以减少将来收集专家意见过程中的问题，提高专家参与所带来的价值和效率：

一是避免专家之间的共同偏差，可以参考共同的文化规范、共同的背景、主流观点、相同的资讯来源。在专家遴选中，应选择活跃在第一线从事研究工作的一流专家，因为他们能对同行的科研实力、学术水平、科学价值、技术难度等做出客观、准确的判断。除此之外，专家遴选还应注意兼顾不同区域、不同机构、不同学术观点，对涉及产业化及预算的评估，还应该邀请经济专家、财务专家及管理人员等参加。

二是避免专家对项目不够了解，充分掌握偏见的来源。为避免专家评议时的主观性和随意性，应当明确决策问题的评价标准，可以拟定条款对评价标准作出说明，也可以给出明确的指标体系请专家进行量化打分。在此基础上，充分考虑以往技术预测相关经验，了解领域专家组参与调查过程中可能存在的各类偏差问题，技术预测部门与领域组共同组织参与调查专家的推荐。同时，让科技管理部门对专家推荐名单进行把关，适当补充推荐专家人选，提高专家评价的客观、公正和科学性。

三是避免专家掌握不合适的专业知识。在预测实践中可以选择"大同行"，即研究领域与决策问题相近的专家，以及"小同行"，即与决策问题专家领域相同或类似专家，尤其当涉及多学科前沿问题时（在当今技术发展交叉融合、群体跃进新形势下更是如此），如果真正对技术具有较深了解和研究的专家很少的话，则应该将相关学科的专家都包括进来。

四是避免乐观偏见，由于把预测受益人和预测开发者（建设者和用户）混在一起。短期预测可能会出现乐观偏见，长期预测可能会出现悲观偏见。

五是如果预测任务是由预测用户执行的，如直接委托给那些负责执行有关科研计划的用户，那么预测准确性便会大打折扣（Hyndman & Athanasopoulos，2018）。

三、专家数量的确定

专家的人数虽然很重要，但考虑到技术的专业性和成本因素，专家数量是有限度的。德尔菲法领域对人数组合的直接实证研究是有限的。Brockhoff（1975）比较了由5名、7名、9名和11名小组成员组成的德尔菲法专家小组，发现小组结果的准确性并没有明显差别。同样，Boje 和 Mumighan（1982）比较了3人小组、7人小组和11人小组成员的有效性，发现这些小组之间同样没有显著差异。通常认为15～35人效果最好（Gordon，2003）。少于10人则可能限制学科的代表性，使调查结果更加发散，其结论也不大令人信服；超过50人则使管理过分复杂，造成专家负担和预测组织方时间和投入成本的浪费。程家瑜（2007）利用第四次国家技术预测调查结果，对咨询专家人数、权重和评价意见的正态性等问题进行了讨论，认为技术预测调查过程中，21~25 位熟悉专家比较合适。但考虑到有些专家可能中途退出，一般认为专家人数不应少于 20 人，50 人以内为宜。但上述研究同样没有考虑领域特点、专家结构等问题。专家最优人数问题依然留下很大的研究空间。

第三节　方法的优化

最近关于技术预测德尔菲专家调查的研究，过分强调"技术比较"而较少阐释"过程研究"。前一种类型的研究倾向于将德尔菲方法与其他方法进行比较，来回答"德尔菲方法（相对）是否妥当"的问题。提出这类问题的研究者往往对有效性所依赖的因素没有进行很好的观察，实践中往往出现多种版本的德尔菲调查，囿于成本等因素控制，与理想的德尔菲版本有所不同。同样地，不恰当的受访对象、有限的反馈等，都可能会降低有效性。为了深刻认识德尔菲法，需要关注德尔菲法的真正内涵，对反馈、专家结构、规模和评价对象等进行对照研究。德尔菲法优势很明显，这里不再赘述，尽管德尔菲法的预测表现优于传统小组讨论，但预测质量并不总能达到大家预期的效果，甚至与花费的时间和资源不相匹配。对于重要的预测而言，即使对于准确性进行微小的提升也很有价值，这就是德尔菲方法一直被肯定的原因。后一种类型的研究主要回答"为什么德尔菲法就好或者还存在什么问题"。这就需要对结构化的小组流程有着充分的认识，我们特别需要发现哪些小组成员随着几轮调研的进行更改了他们的估计值（因为这决定了小组的准确性会提升还是下降），以及促使他们改变估计值的技术和任务环境是什么。这会使我们能够确定德尔菲法在哪些方面帮助专家小组成员改善他们的判断，哪些方面没有改善，这对制定德尔菲法的原则有启示作用。从目前的研究来看，很少有文献聚焦认知小组成员的判断如何变化。这也是本书的价值所在，我们的关注点不是为了回答前一个问题，主要是为了响应第二个疑问，对优化德尔菲方法流程、完善德尔菲法小组成员选择提供启示。

一、遵循的原则

在预测情况下需要人为判断时，关键问题是如何更好地获取和利用专家意见。通常，由多个专家（即小组）做出的判断要比单个专家的判断更为准确。然而，小组过程常常导致次优的判断，而一种可行的解决方案是使用诸如德尔菲法之类的方法来构建并增强专家之间的互动。德尔菲法的使用不能低廉地进行，需要从组织、流程、参与人员等方面考虑周全。在实际操作过程中，是一个费时、费力的过程。尽管德尔菲法既不廉价也不容易，但只要避免常见性错误，采用这种方法获取有价值的技术预测信息还是较为划算的。

1. 有效组织参与专家小组

如果调查对象只是按照名单发放，没有确定专家能否参与，那么就有可能得不到足够的、有价值的答复。而且，还有可能形成时间上的延误，能否答复第二轮也值得怀疑。

2. 解释清楚德尔菲调查工作程序

德尔菲法并不是所有人共知的，预测组织部门也不能想当然地认为参与专家都很熟悉这种方法。即使这些专家了解这种方法，他们所得出的印象和对他们的要求都可能会存在曲解。最为重要的是，需要让专家了解这种方法的反复性。有些运用德尔菲法的效果不理想，在很大程度上是因为专家不了解或不理解德尔菲法的连续反馈机制。因此，调查开展之前对领域专家组的培训是有必要的。

3. 调查表简单易懂

调查表的格式应该有助于（而不是妨碍）专家成员回答问题，不应使专家陷入复杂填写而不能自拔。实际工作中消除表述两义是很困难的，一般情况下，在开始正式调查之前，需要进行小范围的试调查，以改进表述，减少含糊词汇。此外，由于对未来技术的发展存在较大的理解偏差，因此对于备选技术的描述必不可少，它有助于减少对调查对象的理解分歧。

4. 问题数量不超上限

为确保专家成员能够充分考虑问题，问题数量在实际中应有上限。这个数量随着问题类型的不同而变化。一方面，假若每个问题很简单，只要求一个问题就能回答一个简单事件，那么限制程度就要高一些；另一方面，如果一个问题需要详细思考，还要衡量相互矛盾的各种论点，解决反对的发展趋向，那么限制程度就要低一些。根据经验，25 个问题应考虑为上限。

5. 相互矛盾的预测结果

两轮调查结果相互矛盾的现象是完全可能的。所以，有两个方向的判断很可能发生，尽管它们是相互排斥的。这种矛盾结果应得到充分的重视，意味着可能存在非共识现象，应该让领域研究组充分了解，经过两轮调查，若依然存在明显的意见分歧，需要领域组组织专家进行审议。

6. 预测组织部门不宜随意介入

在德尔菲调查过程中，预测组织部门不时会发现，对一些问题专家参与积极性不高，还有可能明显忽略重要的论点和事实。在这种情况下，组织部门可能跃跃欲试将个人意见反馈在流程中，去选择性地组织专家填报相关问题，有这种想法必须克服，在任何情况下，组织部门都不能将个人意见带入反馈信息。否则，预测结果将会有偏差。

当然，切莫轻易决定发起一项德尔菲研究。一般来说，当缺乏精确预测方法所需的可靠资料时，才组织德尔菲研究。但它也可以用来与其他途径得到的信息相互对照，特别当在研究过程中发现新的影响因素时。德尔菲法的应用是多方面的，在工业界所组织的大部分研究中，作为战略手段，这一方法用来对组织所面临技术方面的机会或威胁进行预测。它常常和其他方法结合使用。例如，在构造相关树时，用各种方法，特别是用时间序列法，对单个要素作出定量化的预测，通常会出现一些问题无法直接推导出结果，那就只能用判断性数据来填补。同样，通过德尔菲法得出各因素间的影响程度，是建立交叉影响矩阵的重要基础。德尔菲研究本身还可以揭示一些应该包括在总体预测中的新因素，尽管这些因素一旦被确定以后可以用更精确的方法来作详细分析。在依靠自身的力量用其他方法可以得到更准确预测的条件下，应该避免邀请外界专家仓促启动德尔菲研究。

二、从"迷你""模糊"到"实时"

德尔菲法以专家为索取信息的对象，组织与所研究问题有关的各领域专家运用其专业知识和经验，通过对所研究对象本身及其相关问题的历史和现状分析，对研究对象的未来发展作出研判。德尔菲调查本质是建立在专家的专业知识和主观判断能力的基础上，现在已经成为技术预测的主要方法，具有匿名性、反馈性、收敛性和定量化等特征。但是，也要看到，传统的德尔菲调查也存在明显的局限性，除了一般问卷调查的共性问题外，最受人诟病的是耗时耗力，常常无法满足科技政策与战略对科技发展引导或管理的快速反应。传统德尔菲调查开展时间较长，对相关资源的需求较大，如果轮数过多，专家的回复率可能会降低（穆荣平等，2021）。优化德尔菲调查过程，提高德尔菲调查效率，一直是众多学者和实践部门关注的话题。

传统的德尔菲方法一般包括四轮调查，有些试验甚至用了五轮。一般看来，到四轮结束，专家小组的意见已经能达成一致，不会再有新的进展。传统方法在第一轮只提供给专家预测主题表，征集专家意见。一般要求专家对预测目标、该领域技术发展趋势、需要解决的问题等发表意见，请专家提出未来科学技术发展最有潜力、与目标最相关的领域和项目，并说明依据。这种做法固然可以排除预测组织者先入为主的缺点，有益于专家个人才智的充分发挥。然而，有些专家由于对德尔菲法不甚了解或不知从何下手，有时提供的应预测项目也是杂乱无章、无法归纳的。如果能用别的方法得到一个质量较高的技术清单，是可以不进行这一轮的专家调查的，达到"迷你""瘦身"的效果（Park & Son，2010）。科技部第五次、第六次国家技术预测，在组织大规模德尔菲专家调查之前，会组织领域组专家对国家未来经济社会发展的技术需求进行分析、凝练，对领域技术发展趋势作出研判，并通过文献计量、专家调查等方法，对既有技术水平做"摸底"分析；在此基础上，通过多轮专家会议研讨，从子领域专家组会议到领域组专家会议，再到总体研究组专家会议，提出领域关键技术清单。同时，对遴选的关键技术清单进行技术经济分析，重点阐释能够反映关键技术的核心指标、影响效果以及预期目标。例如，新材料领域在备选技术清单形成过程中充分吸收了钢铁、有色、石化、轻工、纺织、建材六个行业协会参与，赴华北、东北等地区召开了14次专题研讨会，对领域备选技术清单进行研讨，广泛征求同行专家的意见。组织领域专家培训会，发放技术预测工作手册，让各领域组专家能够充分了解技术预测工作。各领域研究组也充分利用战略研究、调研、项目验收等场合宣传技术预测工作，极大地调动了专家参与问卷调查的积极性。这样一来，实际上已经完成了经典德尔菲法的第一轮咨询工作，参与调查的专家实际上直接进入了"第二轮"的调查工作。当然，为了避免遗漏，在问卷设计上，还是会保留极少量的开放式问题，继续征询潜在的技术项目，并整理反馈在后续轮次的调查中。

传统德尔菲方法并不能保证达到较好的专家意见收敛效果，而且很多重要信息也可能会丢失。专家对特定讨论主题判断的量化并不能完全反映他们思维风格（Habibi et al., 2015）。因此，不断有学者相继发展出不同的修正形式，如 Kaufmann 和 Gupta（1988）以及 Ishikawa 等（1993）的模糊德尔菲法（Fuzzy Delphi）。模糊德尔菲法具有一些优点，如考虑个别专家的属性与意见，项目预测的语义结构明确，而且调查次数减少，有效降低了时间与经费的消耗，能够清楚整合并收敛众多评估意见（Chen & Liu, 2007）。自 Kaufmann 和 Gupta（1988）较早将模糊德尔菲方法应用于预测研究以来，Ishikawa 等（1993）通过引入模糊德尔菲方法的最大—最小值和模糊积分算法来预测计算机的未来发展，进一步发展了该理论。此外，Garai 和 Roy（2013）引入模糊德尔菲方法的改进版本，使用权重来代表专家能力和能力的变化。模糊德尔菲还经常与其他一些方法相结合，如层次分析法（Hsu et al., 2010；Liu, 2013 等）、模糊 TOPSIS 等（Wang et al., 2014）。但模糊德尔菲方法的争议也一直存在，众所周知，德尔菲方法需要满足四个主要特征，即匿名性、反馈性、迭代性和收敛性，既然模糊德尔菲是德尔菲方法与模糊理论的结合，模糊德尔菲方法的实施过程也应满足这些重要的特征。通过我们的观察，这些关键特征并没有作为一个整体或作为模糊德尔菲方法过程来应用，特别是在受控反馈和迭代过程中。目前来看，鲜有证据表明模糊德尔菲方法必然优于传统德尔菲方法。

为了解决德尔菲研究成本高、周期长的缺点，人们采用了几种方法来提高调查效率，或者效果不尽如人意，或者已经非德尔菲化了。随着互联网信息技术的发展，在线调查成为可能，能够提供即时反馈，让组织者和专家能及时获悉成员意见，实时德尔菲法（RT）方法应运而生，可以促进不同领域专家在实时沟通和快速收敛的条件下形成共识。实时德尔菲法的独特的功能在于"无轮"设计。基于及时反馈的"无轮"设计意味着：当参与者进行评估时，他们会立即收到迄今为止参与评估的所有其他专家的综合评估结果，即迭代和反馈过程不是在所有小组成员完成一轮后启动的，而是在每一位专家完成后启动的；这意味着，异步应答程序是可能的，因此一个人可以多次参与并更改其答案，直到达到给定时间范围的结束，使得专家可以根据自己的意愿随时进行判断。关于专家将在何时看到其他专家意见这一问题，存在着不同的实践。

在实时德尔菲法最初的应用中，反馈的获取是前置于作答环节的。每位受访者加入正在进行的研究时，他或她将收到一份屏幕表格，其中针对每个问题包含：到目前为止该组的平均数或中位数（以及可能的反应分布）和迄今作出的答复数目。专家还可以通过新窗口访问其他人对其回答给出的理由。受访者将在考虑这些信息的基础上给出自己的答案。

在线德尔菲法和实时德尔菲法通过互联网技术手段，在一定程度上克服了传统德尔菲法投入时间多、人力成本高的不足。在线德尔菲法免去了传统方法中邮寄和回收纸质问卷的时间成本，使大规模调查成为可能。同时，由于调查时间的缩短，也在一定程度上保证了回复率；而实时德尔菲法不仅具有前述优点，更重要的是，它改变了传统方法中多轮调查的方式，利用算法技术对专家意见进行了实时统计分析，大大缩短了信息迭代的反馈时间。从理论上讲，专家在调查期内可以随时返回门户网站浏览其他专家的意见，并修改自己的答案。这种"无轮"设计将高效讨论得以实现，有利于提高项目的一致性水平。然而，预测结果的不稳定性、给持极端观点专家带来压力等局限性依然存在。

三、与其他方法的组合

尽管定性和定量预测方法都各有优势，但问题也是明显的。大多数定性方法依赖于专家判断，而专家判断往往会存在偏见，而大多数定量方法又难以解释新兴主题以及未知和"隐藏"的变量。由于人与技术的使用和利用关系是一个复杂的问题，对于技术的预测就会牵涉社会、心理和行为等要素。因此，定量和定性、客观与主观的搭配，包括实现预测观点的参与过程，仍然是预测的重要考量。

人工智能为预测研究探索新视野提供了机会，尤其是对新兴主题而言。新出现的主题、趋势或概念之间的关系能够在它们于某个领域内被建立或被命名之前就被识别出来。新数据的持续输入可以使这个过程比之前更加"实时"，识别新规律的变化。数据的可用性不断提高，尤其是新数据源（如社交媒体数据、网络数据、开放数据等）的范围不断扩大。同时，机器学习算法和计算能力的不断提升，通过人工智能，可以及时地做出预测或决策，并响应环境变化。

然而，以人工智能为基础的自动化预测手段本身不足以为高质量的预测过程提供支持。相反，更加需要在以人类知识和人工智能为基础的分析之间精心设计具有联系的混合方法。首先，与使用实体识别和现有本体/知识图的其他人工智能方法不同，预测通常涉及新技术或概念，或拓展现有概念的应用领域。一些相关趋势的术语尚不存在，而相关领域中现有术语的含义也会随着时间而变化，这对于自然语言处理等人工智能技术形成具体挑战。虽然人工智能技术已经应用在具有明确定义的领域，但在预测研究中的作用并没有想象中那么大，因为其必须避免因局限于"过去的知识"而导致的路径依赖。大多数新兴技术的定量分析是对预定领域的回顾性分析，而不是旨在识别新兴技术的方法学研究。因此，新兴主题的识别仍然是预测研究的挑战。其次，如前文所述，新一代的预测活动追求完全不同的目标。由于固有的非线性反馈回路，复杂社会系统的演变无法预测，因此预测侧重于使这种"本体论不确定性"更易于控制。这是通过支持参与者思考不同的发展路径（即替代性未来）或各种新兴的变革假设，并考虑不同的系统观点来完成的。通过扩大和多样化心智模型，推理过程将变得更加稳健，决策便不容易偏离正轨。除了可能的未来路径或稳健的战略结果之外，这种以多样化心智模型形式出现的"过程收益"对于个人参与者和组织来说都非常有价值，因为能够更方便地观察他们所处的环境并在互动过程中获益。通过个人和组织在此过程中的积极参与，学习并得出更加可靠的结论是预测过程的重要贡献。最后，当前人工智能系统产生的结果通常难以被用户认识，因此难以评估其有用性、可靠性、可信度和透明度。由于人工智能系统通常在人为选择和人为标记的数据上进行训练，因此人工智能领域的偏见普遍存在，这使情况变得更加复杂。因此，人工智能系统和基础数据库的人为设计可以显著影响（即支持或阻碍）决策获得认识，这就是为什么人工智能系统不一定被视为中立者的原因。因此，需要综合人工智能、预测和情景过程，更深入地思考心理偏见和启发。

出于对上述原因的考虑，为了捕捉新兴科学和技术未来可能路径的迹象，需要以专家为基础的方法与最先进的人工智能方法相结合，以便为数据支持型预测提供新见解。人工智能手段的介入不一定涵盖整个预测过程，也可以以一个或某些部分为重点，尤以在信息收集、整理、输入阶段为最佳。

一般来说，开展技术预测活动的第一步是确定范围边界，包括确定技术领域、预测目标、方法和数据源选择、专家群体、利益相关者的标准等。定义清晰的目标和概念模型，以及搜索边界，就成为知识图谱构建的重要输入部分。为发挥技术预测的功能，一定要注意构建新的知识图谱以避免路径依赖。接下来，需要对收集的数据进行系统检验，以识别潜在的威胁、机会和发展。扫描可以探索新的和意想不到的问题，以及持续存在的问题、趋势和微弱信号或未来信号（即新兴主题的早期迹象）。Amanatidou 等（2012）区分了两种不同类型的扫描：探索性扫描和以问题为中心的扫描。探索性扫描侧重于识别潜在的新兴问题。以问题为中心的扫描关注范围广泛的现有问题，并寻找围绕该问题的微弱信号或潜在的新兴主题。尽管这两种方法基于不同的范围，但结果都蕴含一长串（早期）新兴主题的迹象。

围绕上述工作，可结合预测的目标（包括愿景、需求）来确立技术主题。当然在这个过程中，也需要源源不断的专家参与，使用诸如专家访谈或研讨会的方式来验证使用文本聚类算法生成的关键技术主题列表，特别是需要专家来解释结果并将实际趋势及其影响与噪声区分开来。在经典技术预测中，这通常是通过评估某些属性来完成的，如新技术的研发基础、新技术对旧技术的替代率、市场渗透率、技术扩散以及技术突破的可能性和时间等。而评估新兴主题未来发展的常用预测方法就是德尔菲法。相对于座谈会式的讨论，匿名的德尔菲法的产出结果更为系统且更有利于分析和评估，因而对于着重经济社会需求整合的国家而言，其适用性更高。

前面的步骤回答了"新兴趋势是什么以及哪些是需要优先考虑的"这类问题。战略和政策制定者喜欢预测社会机会和风险，这些机会和风险超越了科学、技术和创新趋势。那么，这些趋势会产生什么影响？这些趋势如何在应对社会挑战方面发挥作用？为了回答上述问题，在调查的基础上需要评估趋势并分析步骤中确定趋势的潜在影响，以构建合理的未来情景。影响评估通常与社会影响或环境影响评估相互关联，这些评估涉及健康、社会维度（例如，社会分裂的产生或扩大、对制度的信任、技术的价值和利用等）、经济影响（如福利、就业）以及对机构的影响（如监管机构）等方面。通常情况下，影响是趋势、事件、环境和社会条件与社会行为之间随时间推移相互作用的结果。目前，在预测过程中采用不同的方法来研究这些相互作用，如情景分析和交叉影响分析等。

前面步骤中更加丰富和细致入微的认识最终将注意力转移到政策制定者和战略家如何利用这些认识进行预测。战略制定过程的重点是确定未来的变革途径，并为这些途径制定应对战略；预测有助于为复杂的未来制定策略，为政策提供建议或为决策做好准备。从这个意义上讲，战略不单是一种趋势性的预测，而且是一种将长期考虑因素纳入决策的方法。这一阶段的典型方法是路线图、情景分析。尽管这些方法为未来的战略决策提供了可能性，但由现有战略、心智模型和假设创造的认知界限往往会限制制定战略的可能性。此外，即使依靠专家，也很难根据多种知识来源得出结论。由于这些方法无法随着时间的推移学习或积累知识，因此必须不断地进行类似的预测活动。

前文的专家调查数据分析发现，专家在带来了专业经验、规范和价值观、背景信息和观点的同时，也可能产生误导性偏差。例如，专家的积极评价倾向、占主导地位的表述等都可能影响战略家和政策制定者跟进已确定战略的未来定力。人工智能手段的介入、情景分析方法与路线图方法等的运用与结合，具有解决这些问题的巨大潜力，但仍然需要更加深入地了解这些方法之间可能存在的协同作用。重要的是，要探索人工智能偏见或数据支持模型在多大程度上偏离真实情况。专家判断可以起到解决问题的作用。未来研究还可以通过探索各种混合方法来研究专家偏见，以确定如何以最佳方式启用类似人工智能—专家混合方法来缓解预测的局限性。

第四节　预测的思考

未来会变得怎么样？多数人都曾经想过这个问题，它凝结了对未来的希望。在国家层面，决策者时刻铭记在心的是，国家未来是否依然会保持竞争力，如何提升人民生活福利水准，现在要如何做才能达成未来期望的生活？预测（Foresight）就是在一个存在不确定风险情境下，试图提供以上问题答案的解答过程。同时，技术预测活动不是精确的科学，其科学成分和艺术成分一样多，做好技术预测需要实践的磨炼。方法论的优化是我们强调的一个方面，更重要的是需要经常性地回看我们开展的预测研究实践，反思哪些是有效的，哪些是有缺陷并需要改进的，以提升我们对预测领域和情景的理解，并将我们所形成的经验与思考应用于未来的实践。

一、专家的经验依据非常重要

为什么要进行预测？针对这个"必要性"问题，大家已经说了很多，本书研究技术预测的专家调查行为，其实是在阐释预测"可行性"问题。两者相辅相成，缺一不可。预测活动中的可行性根据是预测者对预测对象过去和现状的经验，这种经验包括了他从别人那里取得的经验、自身对预测对象的观察和了解以及从前人那里继承下来的与预测对象有关的知识，也叫作经验证据。这是专家之所以称为专家，之所以需要专家参与的前提。另外，可行性的根据还包括尚未称为预测者经验但却是从事预测活动所必须收集的信息材料。

经验丰富的预测，不但具有丰富的知识经验，而且还具有丰富的预测经验。经验的多寡，对预测活动能否顺利进行和预测结果的质量高低，都能产生重大影响。知识经验的差别，即"隔行如隔山"，成功的预测，往往由熟悉了解预测对象、掌握了与预测对象有关的丰富经验知识依据的预测者作出。对某一预测对象的过去和现状一无所知，毫无经验知识依据的人，是无法作出对该对象有根据的预测的。这里想强调的是，预测经验同样很重要，其渠道可以通过本身、同时代人和前人的直接或间接预测实践这三种渠道获得。几乎每一个人都具有一定的预测经验，都使用了一定的预测手段，如逻辑思考、逻辑推理、逻辑判断、外推法、类比法等，只不过大多数人并没有认真地总结并加以系统化、理论化而已。预测经验丰富的人，往往是善于总结预测经验，吸收他人和前人预测经验的预测者。预测经验包括对预测活动规律的掌握和预测方法的选择、使用等（秦麟征，1985）。技术预测（Technology Foresight）字面上的意思实际上未能准确概括其内涵；因为从各国技术预测的理论和实践看，"技术"实质上是与科学、经济、社会、环境紧密结合的"广义技术"；而"预测"也不是单纯地预测未来，还包含选择未来、主动塑造未来，它实际上是"长期预测科技趋势，综合选择重点方向，优化配置科技资源"的社会系统工程，强调对未来科技发展各种可能性的"优质选择"。需要运用一套整体的观点去确认技术主体或本身的含义，培育一种关注未来的预测文化，使各方在面对未来技术发展趋势，以及形成共识的基础上，相应调整各自的策略。并且，我们知道，技术预测也是信息所有者与利益相关者共同参与的技术前瞻性活动，是分析与综合过程的结合。这个过程中，不同的利益相关者（科技界、政府、企业、非营利组织、和其他公共利益群体）集中在一起相互交流，通过结构化的对话，增强知识积累，在社会需求和研究发展之间建立联系，创造了良好的实践，确保了所有参与者的发言权，其间所营造的技术预测文化氛围至关重要，有利于预测者顺利地做出有效的预测。

二、从预测结构看"量"和"质"

预测是对于未来的展望，从这个意义上讲，这与未来学、传统预测等都有重叠的地方，都代表着对于未来目标系统化导向的一种研究过程。然而，新一代技术预测更多地加入了策略性思考元素，包含了敏锐洞察力与创造力的未来展望，一个不是非常精准、清晰的愿景（Mintzberg，1994）。在科技政策领域，预测研究作为一种战略工具，可以扩展决策者的感知范畴，使决策者得以明辨未来新发展的可能动力，并避开或降低其所带来的风险与不确定性（Sedlacko & Gjoksi，2010）。Averil（1999）更进一步扩展了预测的意义，认为预测除了包含对未来预测的结果之外，也包括对于未来可能发展路径发表见解的过程，其理念是，如果对于这一切能够了解更深，那么便可以通过现在的选择来创造最佳的未来。同时，他还提出一个包含三阶段的预测结构，相对而言，每一个阶段较前一阶段均创造更高的价值，但难度也会逐渐加大，且越来越耗时。第一阶段包含对可获取资料的收集、整理，使资料尽量完整且有价值，并呈现出可管理的形式，导出预测知识作为这个阶段的产出。第二阶段包含对知识的转译和阐释，进一步加强对这些知识未来意义的理解，进而思考现在可以做些什么。第三阶段主要是吸收与认同，使预测成果能够被充分吸收、扩散，计划中的产出不应只是书面报告，还包括研讨会、网络平台等形式。通俗地讲，Averil（1999）提出的三阶段，反映的就是基本的预测结构，包含输入部分、操作部分和输出部分。这篇文献对于理解、分析预测结构之间的有机关系具有很大的价值。

第一阶段的输入部分与预测活动的两个基本要素，即预测主体和预测对象有关。对于预测对象相关信息资料的收集工作，一方面要注意"兼容并蓄"，另一方面要注意"去粗取精"。"兼容并蓄"目的在于保证信息资料尽可能充分和完善，使预测所需的资料具有量的基础。"去粗取精"目的在于保证信息资料具有尽可能高的质量，使预测所需的资料具有质的基础。为了达到这个目的，预测者应当对收集的信息资料加以筛选，把一些水分大、杂质多、有明显纰漏的资料完全剔除或只取其精华和合理的部分。

通常在整个技术预测执行过程中，就研究的关注点而言，这是预测研究的起点。采用的方式应具有创造性与专业性，广泛使用的方法主要是地平线扫描，对潜在（未来）问题、威胁、机会以及可能的未来发展（包括那些处于当前思维和计划边缘的发展）进行系统检查。辅之以头脑风暴法、交叉影响分析等。此外，文献计量学和专利分析在挖掘技术发展前沿趋势时皆是时常被使用的。这里对于预测者的经验要求比较高，如前文所述，预测者的经验包括经验知识和预测知识。

第二阶段是整个预测结构中部件最多、相互联系最为紧密的部分，是预测主体、预测对象、预测依据和预测手段四个要素相互作用的有机过程。这个阶段对参与专家的要求很高，需要考虑影响预测对象的确定和不确定因素，明确各种与预测对象有关的目标、价值、社会需要、政策、计划等方面的规范限制、边界条件和最优化的判断准则。此外，专家还必须运用逻辑思维、逻辑推理、逻辑判断、统计等分析手段，来分析和判断预测对象可能的和合乎理想的变化，形成关键技术预测判断。

这一阶段主要回答"我们如何评估这些技术"。从本质上讲，技术预测可以被视为制定科技创新政策、确立创新目标、选择创新路径、组织社会相关人员共同学习交流、最后达成共识的一种认识过程，这与早期的预测活动不同。早期的预测活动是技术专家用系统的方法探索未来的趋势。近年来，技术预测活动强调不同利益相关者的参与，并通过扩大参与范围来建立对未来技术的信任和承诺。然而，不同利益相关者的参与，不可避免地带来个人偏好以及信息不确定性、多样性、模糊性等因素的影响。取得问题的共识是技术预测的重要目标之一。德尔菲法作为征求专家集体意见的一种手段应运而生，迅速成为国际上开展技术预测活动的主流方法之一。此阶段所用方法除了德尔菲法以外，围绕调查工作的开展还需辅助以统计检验、问卷设计、专家论坛等，促进互动和参与。

第三阶段又称输出部分，将预测成果加以整理、归纳，并以一定形式表达出来，交付决策使用。

显然，由输入、操作和输出三部分组成的预测活动基本结构，犹如生产活动的原材料、生产操作和产品形成。技术预测过程中，预测主体自始至终起着关键的作用，把预测活动整个结构贯穿在一起。如果没有预测者收集与预测对象有关的各种信息资料，不具备与预测对象有关的经验知识和预测经验，预测结构的输入部分质量堪忧，再加上预测第二阶段专家偏差的潜在影响，预测产品的质量会大打折扣。也就是说，在国家技术预测过程中，德尔菲法的调查对象——关键技术清单，要尽量做到相对可靠和相对完整，既有通过扫描形成的"量"的积累，更需要多种方法共同作用下提出"质"的调查对象。根据国家技术预测活动的过程及其各阶段的工作内容，首先对国家未来经济社会发展的技术需求进行分析、凝练，对既有技术水平做"摸底"分析；在此基础上，遴选领域关键技术清单；对遴选的关键技术清单进行技术经济分析，重点阐释能够反映关键技术的核心指标、影响效果以及预期目标。这个过程在预测的各阶段是最漫长的，需要保证输入的都是"精品"，否则输出的只能是"垃圾"。

三、发挥创新性和责任心

技术预测是一个知识收集、整理和加工的过程，也是一个不断修正对未来趋势认识的动态调整过程。关注的重点在于对所选择的未来进行"塑造"乃至"创造"。所以，预测活动的普遍挑战在于如何有效促进创造性思维、发现新的视角、规避短视行为（Wiener et al., 2015）。这和传统的预测，通过对技术发展过程和规律性的认识，推测未来发展的趋势和程度，有着很大的不同。在认识世界、改变世界的道路上，如果我们只是遵循公式，那很有可能走不远。"跳出框框"的思维非常必要（Nehme et al., 2012）。专家需要在整个预测过程中，通过自己的专业知识积累和经验认知，在预测参与过程中进行知识创新和行为创新。这些创造性的贡献将产生以下几个过程环节：

第一，确定预测对象，界定（或精炼）关键技术议题。在这方面，其他专家提出的技术问题可能没有覆盖到自己的研究领域，或者即使涉及自己的技术方向，但没有很好地表征发展的趋势，很难预见新的见解方案。地平线扫描是一种好的办法，但其具有多大程度的视野、边界在哪里等问题都需要专家的创造性贡献，很难通过分析存储在现有档案中的二手数据找到问题的答案，要充分考虑信息资料收集的广度和深度，找到让利益相关者满意的评价对象。而且，在技术预测执行过程中，总是没有足够的时间或资金匹配来平衡在关键技术领域前瞻问题上的观点碰撞，需要领域组专家组长的主持技巧，并提出具有创新性的观点。

第二，在参与调查分析的过程中，研判研究问题和潜在影响方面的创造性。德尔菲法的匿名性，可以克服专家社会、心理等诸多方面的顾虑，不受权威、资历、人数优势等方面的影响，可以充分发表意见，提出创造性设想。在方法设计上，鼓励专家贡献创造性的判断。更重要的是，专家需要克服一些偏见。例如，过度自信问题，不仅存在专家调查过程中，还涉及预测过程的各个阶段。当一个人对一个问题了解更多时，其构造的关于问题为何发生、如何解决、未来会怎么样的因果模型也会发生变化。在别的地方有效的解决方案，在特定背景下可能会无效。况且，即使在环节一中加入了大数据、人工智能等分析手段，收集到的信息可能依然是不完整的，专家对调查对象进行研判时，鼓励创造性的逻辑思维和推理，对证据的碎片进行合成，形成创造性的逻辑判断。

第三，构建情景，设计或实施具有创造性的未来发展可能。预测的功能在于形成对未来发展可能性的认知和理解，从而能够规划未来，坚信未来可能达到的结果取决于人们对不同方案的选择。在设计未来发展的可能性方面需要创造性的原因很多。未来的发展需要一些有效干预，并对可能产生的副作用保持一定的关注，还有就是，对一个看上去很有效的路径选择在不同的情景下如何生效进行分析。预测本身就是以人们的创造性思维为基础，去展望未来。

与鼓励创造性思想同样重要的原则是责任。在进行预测的过程中，责任对于成功的预测至关重要。在界定关键技术议题时，需要降低"位置决定想法"的惯性冲击。如果你只使用那些支持你观点的证据，或者你未能公开关于你所关注方向潜在副作用的证据，那么，你可能赢得了一场"战斗"，国家却可能会输掉一场"战争"。领域专家一定要树立总体和全局观念，不能只顾追求自身领域内的局部最优。纳入外部专家尤为重要，他们有助于跳出思维定式，防止陷在仅讨论所期望的未来可能性的圈圈（Weber et al.，2009）。你需要在信息反馈中，仔细审视他人观点与自己想法的异同，是坚持自己的观点还是改变自己的认识，更要慎重。我们无法避免他人定义问题或解决问题所带来的影响，要记住，首要承诺应该是解决问题、找准方向，而忽视他人提供的证据是无法让你在下一次的战斗中幸免于难的。同时，我们也要对关键技术选择或未来发展方向的判断抱有责任心，与利益相关者保持一定的沟通和接触，用同样的标准评估备选技术，并且对未来发展的风险和收益平衡考虑。

四、注重过程和学习

一个理想的技术预测过程包含"愿景需求—技术评价—预测调查—技术选择—发展路径"几个方面，过程不是线性的，而是循环和滚动的战略行为，随着时间推移、技术发展、市场需求变化和国家目标调整，必须根据新的形势和环境进行不断调整和跟踪研究，这样才能准确地把握好方向，保证行动的重点。在这个过程中，新的主题和问题会不断出现，需要进行持续调查和讨论，这也使参与其中的专家能够不断地学习、互动，以找到解决问题的方法。

第一个学习循环来自你查询资料时收到的及时反馈，这些资料来源包括文献、专家群体和利益相关者。通过向每个来源学习，你对技术需求问题、技术发展趋势和可能的发展方向会有更多的了解，并且不断迭代，帮助你整合以前的知识和新获得的知识。当你想提出一个全新的技术主题时，需要进行一个严密的研究过程来获取新的证据，基于其他参与者对问题反馈，对技术主题进行调整优化。

在技术预测的每个阶段，学习的焦点将有所改变，所以不要错误地认为后期会比前期学习得少。在启动阶段，重点是熟悉技术问题，可能的解决方案和证据来源。在合成现有证据阶段，重点则是了解已知或未知的技术问题及其解决方案。在获取新证据阶段，重点是学习研究参与者和他们对你的问题和发展路径的反应。在选择技术和确定优先发展主题阶段，重点是学习提出能够被所构建的情景接受且能实际解决问题的方向建议。这些学习既是即时的，也是持续的。

第二个学习循环发生在每个德尔菲调查过程中的信息反馈。德尔菲法采取匿名方式，专家之间互不接触，为了使参加预测的专家们能够了解每一轮咨询的汇总情况和其他专家的意见，预测组织者要对每一轮咨询的结果进行整理、分析和综合，并在下一轮咨询中匿名反馈给每一个专家。专家在参与过程中，可以获得已经消除"崇拜权威""劝说性""爱面子"等心理因素影响的专家意见，对照自己的看法，作出全新的意思表示。这个反馈过程，实际上就是一个学习的过程，一个调整自己观点的过程。

第三个学习循环发生伴随不同利益相关者之间的对话、沟通。开展一项技术预测活动，一般都会涉及几个不同的部门，包括目标客户、政策制定者、来源广泛的专家组、预测组织部门等。对于政策制定者来说，目标可能是确定优先发展的领域或制订全新的研究计划。对参与其中的企业而言，参与技术预测的出发点与政府有着很大差别，主要目的是为了盈利，政府则是通过双向交流，推进技术预测和优先领域研究开发工作。技术预测不仅是为政府服务，也要高度重视社会各方面的需求，尤其是企业的需求，把满足社会经济发展需求作为重点。

有时候，目标客户和政策制定者来自同一组织。例如，第六次国家技术预测主要是为国家科技部制定战略规划提供支撑，客户和政策制定者是一样的。还有一些部门，既不是客户，也不是政策制定者，他们会形成非常不同的视角。例如，第六次国家技术预测成立了领导小组，小组成员来自国家发展和改革委员会、教育部、工业和信息化部、国家卫生健康委员会、中国科学院、中国工程院、中国科学技术协会等机构，他们可能对技术预测的交付成果有着更诚实的批评，并对如何改进预测工作提出更加具体的建议。完成这些步骤后，我们需要进行事后评估。这是一个经常被学习型组织采用的手段。事后评估一般包含以下问题：你期待什么、实际上怎么样、哪些方面运行良好以及为什么运行良好、哪些方面可以加以改进以及如何改进。显然，你所期待的和实际发生之间的差异，会促使你去思考，为什么会发生差异，以及下次你应该采取怎样不同的做法。

第四个学习循环主要是预测研究项目收尾时进行经验教训评估，这种在项目结尾进行的反思提供了独特的学习机会。在理想状态下，经验教训评估是通过召开一个研究项目的所有组织者、领域专家代表及客户、政策制定者、战略专家等出席会议的方式进行的。经验教训评估提出的问题和事后评估提的问题类似，不过倾向更加具体。通常情况下，经验教训涉及技术问题，如具体的组织架构、专家调查结构、成果体现形式等。

参考文献

［1］ Addison T. E-commerce project development risks: Evidence from a Delphi survey ［J］. International Journal of Information Management, 2003 (23): 25-40.

［2］ Albaum G S, Evangelista F, Medina N. Role of response behavior theory in survey research: A cross-national study ［J］. Journal of Business Research, 1998, 42 (2): 115-125.

［3］ Albright R E. What can past technology forecasts tell us about future? ［J］. Technological Forecasting and Social Change, 2002 (69): 443-464.

［4］ Aldrich J H, Nelson F D. Linear probability, logit, and probit models ［M］. London: Sage Publications, 1984.

［5］ Allport F H, Hartman D A. The measurement and motivation of atypical opinion in a certain group ［J］. American Political Science Review, 1925 (19): 735-760.

［6］ Alter A L, Oppenheimer D M. Effects of fluency on psychological distance and mental construal (or why New York is a large city, but New York is a civilized jungle) ［J］. Psychological Science, 2008, 19 (2): 161-167.

［7］ Amanatidou E, Butter M, Carabias V, et al. On concepts and methods in horizon scanning: Lessons from initiating policy dialogues on emerging issues ［J］. Science and Public Policy, 2012, 39 (2): 208-221.

［8］ Amanatidou E, Guy K. Interpreting foresight process impacts: Steps towards the development of a framework conceptualising the dynamics of 'foresight systems' ［J］. Technological Forecasting and Social Change, 2008, 75 (4): 539-557.

［9］ Andrews M. Who is being heard? Response bias in open-ended responses in a large government employee survey, 60th Annual Conference of the American Association for Public Opinion Research ［EB/OL］. (2005-05-12) ［2022-12-20］. http://www. asasrms. org/Proceedings/y2005/files/JSM2005-000924.

［10］ Apreda R, Bonaccorsi A, Dell'Orletta F, et al. Functional technology foresight. A novel methodology to identify emerging technologies ［J］. European Journal of Futures Research, 2016 (4): 13.

［11］Apreda R, Bonaccorsi A, Dell'Orletta F, et al. Technology foresight based on functional analysis ［J］. European Journal of Futures Research, 2016 (1): 4-13.

［12］Apreda R, Bonaccorsi A, Fantoni G, et al. Functions and failures. How to manage technological promises for societal challenges ［J］. Technology Analysis & Strategic Management, 2014, 26 (4): 369-384.

［13］Argyrous G. Statistics for research ［M］. London: Sage Publications, 2005.

［14］Armstrong J S. Long range forecasting: From crystal ball to computer ［M］. New York: Wiley, 1985.

［15］Armstrong J S. Principles of forecasting: A handbook for researchers and practitioners ［M］. New York: Springer Science & Business Media, 2001.

［16］Austin E J, Deary I J, Egan V. Individual differences in response scale use: Mixed Rasch modelling of responses to NEO-FFI items ［J］. Personality and Individual Differences, 2006 (40): 1235-1245.

［17］Averil H. A simple guide to successful foresight ［J］. Foresight, 1999, 1 (1): 5-9.

［18］Avison W, Nettler G. World views and crystal balls ［J］. Futures, 1976, 8 (1): 413-414.

［19］Balli H O, Sørensen B E. Interaction effects in econometrics ［J］. Empirical Economics, 2013, 45 (1): 583-603.

［20］Bardecki M J. Participants' response to the Delphi method: An attitudinal perspective ［J］. Technological Forecasting and Social Change, 1984 (25): 281-292.

［21］Baron R M, Kenny D A. The moderator-mediator variable distinction in social psychological research: Conceptual, strategic, and statistical considerations ［J］. Journal of Personality and Social Psychology, 1986 (51): 1173.

［22］Beatty P, Hermann D, Puskar C, et al. Do not know responses in surveys: Is what I know what you want to know and do I want you to know it? ［J］. Memory, 1998 (6): 407-426.

［23］Beatty P, Herrmann D. To answer or not to answer: Decision processes related to survey item nonresponse ［A］ // Groves R M, Dillman D A, Eltinge J L, et al. Survey Nonresponse ［M］. New York: John Wiley & Sons, 2002.

［24］Belton I, Macdonald A, Wright G, et al. Improving the practical application of the Delphi method in group-based judgment: A six-step prescription for a well-founded and defensible process ［J］. Technological Forecasting and Social Change, 2019 (147): 72-82.

［25］Bentler P M, Jackson D N, Messick S. Identification of content and style: A two-dimensional interpretation of acquiescence ［J］. Psychological Bulletin, 1971, 76 (3): 186-204.

［26］Best R J. An experiment in Delphi estimation in marketing decision making ［J］. Journal of Marketing Research, 1974 (11): 448-452.

［27］Best S J, Krueger B S. Internet data collection ［M］. Thousand Oaks: Sage Publications, 2004.

[28] Boje D M, Murnighan J K. Group confidence pressures in iterative decisions [J]. Management Science, 1982 (28): 1187-1196.

[29] Bolger F, Harvey N. Heuristics and biases in judgmental forecasting [A] // Wright G, Goodwin P. Forecasting with judgment [M]. New York: Wiley, 1998.

[30] Bolger F, Stranieri A, Wright G, et al. Does the Delphi process lead to increased accuracy in group-based judgmental forecasts or does it simply induce consensus amongst judgmental forecasters? [J]. Technological Forecasting and Social Change, 2011 (78): 1671-1680.

[31] Bolger F, Wright G. Improving the Delphi process: Lessons from social psychological research [J]. Technological Forecasting and Social Change, 2011, 78 (9): 1500-1513.

[32] Bonaccio S, Dalal R S. Advice taking and decision-making: An integrative literature review, and implications for the organizational sciences [J]. Organizational Behavior and Human Decision Processes, 2006, 101 (2): 127-151.

[33] Brockhoff K. The performance of forecasting groups in computer dialogue and face to face discussions [A] //Linstone H, Turoff M. The delphi method: Techniques and applications [M]. Reading: Addison-Wesley, 1975.

[34] Bryson J M. What to do when stakeholders matter: Stakeholder identification and analysis techniques [J]. Public Management Review, 2004, 6 (1): 21-53.

[35] Buck A J, Gross M, Hakim S, et al. Using the Delphi process to analyze social policy implementation: A post hoc case from vocational rehabilitation [J]. Policy Science, 1993 (26): 271-288.

[36] Budner S. Intolerance of ambiguity as a personality variable [J]. Journal of Personality, 1962 (30): 29-59.

[37] Burgman M A, Carr A, Godden L, et al. Redefining expertise and improving ecological judgment [J]. Conservation Letters, 2011, 4 (2): 81-87.

[38] Burgman M A. Trusting judgments [A] // How to get the best out of experts [M]. Cambridge: Cambridge University Press, 2016.

[39] Burnette D, Morrow-Howell N, Chen L M. Setting priorities for gerontological social work research: A national Delphi study [J]. Gerontologist, 2003 (43): 828-838.

[40] Cannell C F, Miller P V, Oksenberg L. Research on interviewing techniques [J]. Sociological Methodology, 1981 (12): 389-437.

[41] Carlson K A, Russo J E. Biased interpretation of evidence by mock jurors [J]. Journal of Experimental Psychology: Applied, 2001, 7 (2): 91-103.

[42] Chaffin W W, Talley W K. Individual stability in Delphi studies [J]. Technological Forecasting and Social Change, 1980 (16): 67-73.

[43] Chen C S, Liu Y C. A methodology for evaluation and classification of rock mass quality

on tunnel engineering [J]. Tunnelling and Underground Space Technology, 2007 (22): 377-387.

[44] Chermack T, Nimon K. The effects of scenario planning on participant decision-making style [J]. Human Resource Development Quarterly, 2008 (19): 351-372.

[45] Christian L M, Dillman D. The influence of graphical and symbolic language manipulations on responses to self administered questions [J]. Public Opinion Quarterly, 2004 (68): 57-80.

[46] Coates F J. Foresight in federal government policy making [J]. Futures Research Quarterly, 1985, 1 (2): 29-53.

[47] Coates J F. Coming to grips with the future [J]. Research Technology Management, 2004, 47 (1): 23-32.

[48] Conrad F G, Couper M P, Tourangeau R, et al. Use and non-use of clarification in web surveys [J]. Journal of Official Statistics, 2006 (22): 245-269.

[49] Conrad F G, Couper M P, Tourangeau R. Interactive features in web surveys [C]. San Francisco: American Statistical Association, 2003.

[50] Couper M P, Traugott M W, Lamias M J. Web survey design and administration [J]. Public Opinion Quarterly, 2001 (65): 230-253.

[51] Craig C S, Mccann J M. Item nonresponse in mail surveys: Extent and correlates [J]. Journal of Marketing Research, 1978, 15 (2): 285-289.

[52] Cronbach L J. Response sets and test validity [J]. Educational and Psychological Measurement, 1946 (6): 475-494.

[53] Cuhls K. From forecasting to foresight processes-new participative foresight activities in Germany [J]. Journal of Forecasting, 2003, 22 (2/3): 93-111.

[54] Cuhls K, Georghiou L. Evaluating a participative foresight processes: 'Futur- the German research dialogue' [J]. Research Evaluation, 2004, 13 (3): 143-153.

[55] Cuhls K, Jaspers M. Participatory priority setting for research and innovation policy [M]. Stuttgart: IRB Verlag, 2004.

[56] Da Costa O, Warnke P, Cagnin C, et al. The impact of foresight on policy-making: Insights from the forlearn mutual learning process [J]. Technology Analysis & Strategic Management, 2008, 20 (3): 369-387.

[57] Dajani J S, Sincoff M Z, Talley W K. Stability and agreement criteria for the termination of Delphi studies [J]. Technological Forecasting and Social Change, 1979 (13): 83-90.

[58] Dalecki M G, Ilvento T W, Moore D E. The effects of multi-wave mailings on the external validity of mail surveys [J]. Journal of the Community Development Society, 1988, 19 (3): 51-70.

[59] Dalkey N C, Brown B, Cochran S. The Delphi method, Ⅲ: Use of self-ratings to improve group estimates [J]. Technological Forecasting, 1970 (1): 283-291.

［60］ Dalkey N C. Toward a theory of group estimation ［A］ // Linstone H A, Turoff M. The Delphi method-techniques and applications ［M］. Reading: Addison-Wesley, 1975: 231-256.

［61］ Das J, Dutta T. Some correlates of extreme response set ［J］. Acta Psychologica, 1969 (29): 85-92.

［62］ Davis J H. Group decision and social interaction: A theory of social decision schemes ［J］. Psychological Review, 1973 (80): 97-125.

［63］ Deirs C J. Social desirability and acquiescence in response to personality items ［J］. Journal of Consulting Psychology, 1964, 28 (1): 71-77.

［64］ De Jong M G, Steenkamp J B, Fox J P, et al. Using item response theory to measure extreme response style in marketing research: A global investigation ［J］. Journal of Marketing Research, 2008 (45): 104-115.

［65］ De Jouvenel B. The art of conjecture ［M］. New York: Basic Books, 1967.

［66］ DeKay M L, Patiño-Echeverri D, Fischbeck P S. Distortion of probability and outcome information in risky decisions ［J］. Organizational Behavior and Human Decision Processes, 2009, 109 (1): 79-92.

［67］ De Meyrick J. The Delphi method and health research ［J］. Health Education, 2003 (103): 7-16.

［68］ Denscombe M. The length of responses to open-ended questions: A comparison of online and paper questionnaires in terms of a mode effect ［J］. Social Science Computer Review, 2008, 26 (3): 359-368.

［69］ Deutsh M, Gerard H B. A study of normative and informational social influence upon individual judgment ［J］. Journal of Abnormal and Social Psychology, 1955, 51 (3): 629-636.

［70］ Devaney L, Henchion M. Who is a Delphi 'expert'? Reflections on a bioeconomy expert selection procedure from Ireland ［J］. Futures, 2018 (99): 45-55.

［71］ Dietz T. Methods for analyzing data from Delphi panels: Some evidence from a forecasting study ［J］. Technological Forecasting and Social Change, 1987 (31): 79-85.

［72］ Drake R A. Toward a synthesis of some behavioral and physiological antecedents of belief perseverance ［J］. Social Behavior and Personality: An International Journal, 1983, 11 (2): 57-60.

［73］ Dufva M, Ahlqvist T. Knowledge creation dynamics in foresight: A knowledge typology and exploratory method to analyse foresight workshops ［J］. Technological Forecasting and Social Change, 2015 (94): 251-268.

［74］ Dunn W N. Public policy analysis: An introduction ［M］. New Jersey: Pearson Prentice Hall, 2004.

［75］ Ecken P, Gnatzy T, Von Der Gracht H A. Desirability bias in foresight: Consequences for decision quality based on Delphi results ［J］. Technological Forecasting and Social Change, 2011, 78

(9): 1654-1670.

[76] Eggers J P. Falling flat [J]. Administrative Science Quarterly, 2012, 57 (1): 47-80.

[77] Elliott G, Jiang F, Redding G, et al. The Chinese business environment in the next decade: Report from a Delphi study [J]. Asian Business & Management, 2010, 9 (4): 459-480.

[78] Emde M. Open-ended questions in web surveys-using visual and adaptive questionaire design to improve narrative responses [D]. Deutschland: Diss Technische Universtat Darmstadt, 2014.

[79] English G M, Keran G L. The prediction of air travel and aircraft technology to the year 2000 using the Delphi method [J]. Transportation Research, 1976 (10): 1-8.

[80] Erffmeyer R C, Erffmeyer E S, Lane I M. The Delphi technique: An empirical evaluation of the optimal number of rounds [J]. Group and Organization Studies, 1986 (11): 120-128.

[81] Erffmeyer R C, Lane I M. Quality and acceptance of an evaluative task: The effects of four group decision-making formats [J]. Group and Organization Studies, 1984 (9): 509-529.

[82] Ericsson K A. An introduction to the cambridge handbook of expertise and expert performance: Its development, organization and content [A] // Ericsson K A, Charness N, Feltovich P J, et al. The Cambridge handbook of expertise and expert performance [M]. Cambridge: Cambridge University Press, 2006.

[83] Fan W, Yan Z. Factors affecting response rates of the web survey: A systematic review [J]. Computers in Human Behavior, 2010, 26 (2): 132-139.

[84] Fazio R. Multiple processes by which attitudes guide behavior: The MOD model as an integrative framework [A] // Zanna M. Advances in experimental social psychology [M]. New York: Academic Press, 1990.

[85] Feinberg S. The analysis of cross-classified categorical data [M]. Cambridge, MA: MIT Press, 1985.

[86] Fischer G W. When oracles fail-a comparison of four procedures for aggregating subjective probability forecasts [J]. Organizational Behavior and Human Performance, 1981 (28): 96-110.

[87] Fischhoff B, Slovic P, Lichtenstein S. Fault trees: Sensitivity of estimated failure probabilities to problem representation [J]. Journal of Experimental Psychology: Human Perception and Performance, 1978, 4 (2): 330-344.

[88] Forster B, Von Der Gracht H. Assessing Delphi panel composition for strategic foresight—A comparison of panels based on company-internal and external participants [J]. Technological Forecasting and Social Change, 2014 (84): 215-229.

[89] Foucault M. Power/Knowledge [A] // Gordonc. Selected essays and other writings [M]. Sussex: The Harvester Press, 1980.

[90] Franzen R, Lazarsfeld P E. Mail questionaire as a research problem [J]. Journal of

Psychology, 1945, 20 (2): 293-320.

[91] Fricker S, Galesic M, Tourangeau R, et al. An experimental comparison of web and telephone surveys [J]. Public Opinion Quarterly, 2005 (69): 370-392.

[92] Furnham A, Boo H C. A literature review of the anchoring effect [J]. Journal of Socio-Economics, 2011 (40): 35-42.

[93] Fye S R, Charbonneau S M, Hay J W, et al. An examination of factors affecting accuracy in technology forecasts [J]. Technological Forecasting and Social Change, 2013 (80): 1222-1231.

[94] Garai A, Roy T K. Weighted intuitionistic fuzzy Delphi method [J]. Journal of Global Research in Computer Science, 2013 (4): 38-42.

[95] Geer J G. What do open-ended questions measure? [J]. Public Opinion Quarterly, 1988, 52 (3): 365-371.

[96] Georghiou L, Keenan M. Evaluation of national foresight activities: Assessing rationale, process and impact [J]. Technological Forecasting and Social Change, 2006, 73 (7): 761-777.

[97] Gibbons M. Competitiveness, collaboration and globalization [A] // GIbbons M, Limoges C, Nowotny H, et al. The new production of knowledge—the dynamics of science and research in contemporary societies [M]. London: Sage Publications, 1994: 111-136.

[98] Gloye E E. A Note on the distinction between social desirability and acquiescent response styles as sources of variance in the MMPI [J]. Journal of Counseling Psychology, 1964, 11 (1): 180-184.

[99] Golden J, Milewicz J, Herbig P. Forecasting: Trials and tribulations [J]. Management Decision, 1994, 32 (1): 33-36.

[100] Goldman Alvin. Experts: Which ones should you trust? [J]. Philosophy and Phenomenological Research, 2001, 63 (1): 85-110.

[101] Gonçalves M E. Risk and the governance of innovation in europe: An introduction [J]. Technological Forecasting and Social Change, 2005 (73): 1-12.

[102] Goodman C M. The Delphi technique: A critique [J]. Journal of Advanced Nursing, 1987, 12 (6): 729-734.

[103] Gordon T J, Helmer O. Report on a long-range forecasting study [R]. Santa Monica, CA: Rand, 1964.

[104] Gordon T J. The Delphi method [A] //Glenn J C, Gordon T J. Futures research methodology [M]. Washington: American Council for the United Nations University, 2003.

[105] Gracht H. Consensus measurement in Delphi studies [J]. Technological Forecasting & Social Change, 2012, 79 (8): 1525-1536.

[106] Greene W H. Econometric analysis [M]. New York: Macmillan, 1990.

[107] Green K C, Armstrong J S. The ombudsman: Value of expertise for forecasting deci-

sions in conflicts [J]. Informs Journal on Applied Analytics, 2007, 37 (3): 287-299.

[108] Greenleaf E A. Measuring extreme response style [J]. Public Opinion Quarterly, 1992, 56 (3): 328-351.

[109] Greenleaf E. Improving rating scale measures by detecting and correcting bias components in some response styles [J]. Journal of Marketing Research, 1992 (29): 176-188.

[110] Groves R M, Fowler Jr F J, Lepkowski J M, et al. Survey methodology [M]. New York: Wiley Interscience, 2005.

[111] Groves R M, Presser S, Dipko S. The role of topic interest in survey participation decisions [J]. Public Opinion Quarterly, 2004, 68 (1): 2-31.

[112] Gustafson D H, Shukla R K, Delbecq A, et al. A comparison study of differences in subjective likelihood estimates made by individuals, interacting groups, Delphi groups and nominal groups [J]. Organizational Behavior and Human Performance, 1973 (9): 280-291.

[113] Habibi A, Jahantigh F F, Sarafrazi A. Fuzzy Delphi technique for forecasting and screening items [J]. Asian Journal of Research in Business Economics and Management, 2015 (5): 130-143.

[114] Hahn E J, Rayens M K. Consensus for tobacco policy among former state legislators using the policy Delphi method [J]. Tobacco Control, 1999 (8): 137-140.

[115] Hakim S, Weinblatt J. The Delphi process as a tool for decision making: The case of vocational training of people with handicaps [J]. Evaluation and Program Planning, 1993 (16): 25-38.

[116] Hallowell M R, Gambatese J A. Qualitative research: Application of the Delphi method to CEM research [J]. Journal of Construction Engineering and Management, 2010, 136 (1): 99-107.

[117] Harman N L, Bruce I A, Kirkham J J, et al. The importance of integration of stakeholder views in core outcome set development: Otitis media with effusion in children with cleft palate [J]. PLoS ONE, 2015, 10 (6): 1-22.

[118] Harry T C, Evans R. The third wave of science studies of science: Studies of expertise and experience [J]. Social Studies of Science, 2002 (32): 240-239.

[119] Hart W, Albarracín D, Eagly A H, et al. Feeling validated versus being correct: A meta-analysis of selective exposure to information [J]. Psychological Bulletin, 2009, 135 (4): 555-588.

[120] Harzing A W. Response styles in cross-national survey research: A 26-country study [J]. International Journal of Cross-Cultural Management, 2006 (6): 243-266.

[121] Hasson F, Keeney S. Enhancing rigour in the Delphi technique research [J]. Technological Forecasting and Social Change, 2011 (78): 1695-1704.

[122] Hauser P M. Social statistics in use [M]. New York: Russell Sage, 1975.

［123］Hekkert M P, Suurs R A A, Negro S O, et al. Functions of innovation systems: A new approach for analysing technological change ［J］. Technological Forecasting and Social Change, 2007, 74 (4): 413-432.

［124］Henningsen D D, Henningsen M L M, Eden J, Cruz M G. Examining the symptoms of groupthink and retrospective sensemaking ［J］. Small Group Research, 2006, 37 (1): 36-64.

［125］Hernandez I, Preston J L. Disfluency disrupts the confirmation bias ［J］. Journal of Experimental Social Psychology, 2013, 49 (1): 178-182.

［126］Hilary G, Menzly L. Does past success lead analysts to become overconfident ［J］. Management Science, 2006, 52 (4): 489-500.

［127］Hill G W. Group versus individual performance: Are N+1 heads better than one? ［J］. Psychological Bulletin, 1982 (91): 517-539.

［128］Hoffman R R. The problem of extracting the knowledge of experts from perspective of experimental psychology ［J］. AI Magazine, 1987, 8 (2): 53-67.

［129］Hogarth R M. A note on aggregating opinions ［J］. Organizational Behavior and Human Performance, 1978 (21): 40-46.

［130］Holland J L, Christian L M. The influence of topic interest and interactive probing on responses to open ended questions in web surveys ［J］. Social Science Computer Review, 2009 (27): 197-212.

［131］Horan P M, Distefano C, Motl R W. Wording effects in self-esteem scales: Methodological artifact or response style ［J］. Structural Equation Modeling, 2003, 10 (3): 435-455.

［132］Horton A. A simple guide to successful foresight ［J］. Foresight, 1999 (1): 5-9.

［133］Hosmer D W, Lemeshow S. Applied logistic regression ［M］. New York: John Wiley and Sons, 1989.

［134］Hsu Y L, Lee C H, Kreng V B. The application of fuzzy Delphi method and fuzzy AHP in lubricant regenerative technology selection ［J］. Expert Systems with Applications, 2010 (37): 419-425.

［135］Hudson M F. A Delphi Study of elder mistreatment: Theoretical definitions, empirical referents and taxonomy ［D］. Dissertation Abstracts International, 1988.

［136］Hui C, Triandis H. The instability of response sets ［J］. Public Opinion Quarterly, 1985 (49): 253-260.

［137］Hussler C, Muller P, Rondé P. Is diversity in Delphi panelist groups useful? Evidence from a French forecasting exercise on the future of nuclear energy ［J］. Technological Forecasting and Social Change, 2011, 78 (9): 1642-1653.

［138］Hyndman R J, Athanasopoulos G. Forecasting: Principles and practice ［M］. Melbourne: OTexts, 2018.

［139］Irvine J, Martin B R. Foresight in science: Picking the winners ［M］. London:

Frances Pinter, 1984.

[140] Ishikawa A, Amagasa M, Shiga T, et al. The max-min Delphi method and fuzzy Delphi method via fuzzy integration [J]. Fuzzy Sets and Systems, 1993 (55): 241-253.

[141] Israel G D. Visual cues and response format effects in mail surveys [C]. Orlando: The Southern Rural Sociological Association, 2006.

[142] Janis I L. Groupthink and group dynamics: A social psychological analysis of defective policy decisions [J]. Policy Studies Journal, 1973, 2 (1): 19-25.

[143] Johnson T, Kulesa P, Cho Y, et al. The relation between culture and response styles: Evidence from 19 countries [J]. Journal of Cross-Cultural Psychology, 2005 (36): 264-277.

[144] Johnson T R. On the use of heterogeneous thresholds ordinal regression models to account for individual differences in extreme response style [J]. Psychometrika, 2003, 68 (4): 563-583.

[145] Johnston R. Developing the capacity to assess the impact of foresight [J]. Foresight, 2012, 14 (1): 56-68.

[146] Johnston R. Foresight-refining the process [J]. International Journal of Technology Management, 2001, 21 (7/8): 711-725.

[147] Jolson M A, Rossow G. The Delphi process in marketing decision making [J]. Journal of Marketing Research, 1971 (8): 443-448.

[148] Kahneman D, Klein G. Conditions for intuitive expertise: A failure to disagree [J]. American Psychologist, 2009, 64 (6): 515-526.

[149] Kahneman D, Tversky A. Judgement under uncertainty: Heuristics and biases [J]. Science, 1974 (185): 1124-1131.

[150] Kalaian S, Kasim R M. Terminating sequential Delphi survey data collection [J]. Practical Assessment, Research & Evaluation, 2012, 17 (5): 1-9.

[151] Kaldenberg D O, Koenig H F, Becker B W. Mail survey response rate patterns in a population of the elderly: Does response deteriorate with age? [J]. Public Opinion Quarterly, 1994, 58 (1): 68-76.

[152] Kalinovski M B. Uncertainty and alternatives in technology assessment studies: Tritium emissions from proposed fusion power reactors [J]. Project Appraisal, 1994 (1): 19-28.

[153] Kaufmann A, Gupta M M. Fuzzy mathematical models in engineering and management science [M]. Amsterdam: North-Holland, 1988.

[154] Kauko K, Palmroos P. The Delphi method in forecasting financial markets-an experimental study [J]. International Journal of Forecasting, 2014, 30 (2): 313-327.

[155] Kawamoto C, Wright J T C, Spers R G, et al. Can we make use of perception of questions' easiness in Delphi-like studies? Some results from an experiment with an alternative feedback [J]. Technological Forecasting and Social Change, 2019 (140): 296-305.

［156］Kenski K, Jamieson K H. The gender gap in political knowledge: Are women less knowledgeable than men about politics? ［A］// Jamieson K H. Everything you think you know about politics, and why you're wrong ［M］. New York: Basic Books, 2000.

［157］Kerr N L, Tindale R S. Group-based forecasting?: A social psychological analysis ［J］. International Journal of Forecasting, 2011 (27): 14-40.

［158］Keusch F. The influence of answer box format on response behavior on list-style open-ended questions ［J］. Journal of Survey Statistics and Methodology, 2014, 2 (3): 305-322.

［159］Klein G, Shneiderman B, Hoffman R R, et al. Why expertise matters: A response to the challenge ［J］. IEEE Intelligent Systems, 2017, 32 (6): 67-73.

［160］Knowles E S, Condon C A. Why people say 'yes': A dual-process theory of acquiescence ［J］. Journal of Personality and Social Psychology, 1999, 77 (2): 379-386.

［161］Kray L J, Galinsky A D. The debiasing effect of counterfactual mind-sets: Increasing the search for disconfirmatory information in group decisions ［J］. Organizational Behavior and Human Decision Processes, 2003, 91 (1): 69-81.

［162］Krosnick J A. Survey research ［J］. Annual Review of Psychology, 1999 (50): 537-567.

［163］Kruglanski A. Lay epistemics and human knowledge: Cognitive and motivational bases ［M］. New York: Plenum, 1989.

［164］Kulik J A, Sledge P, Mahler H I M. Self-confirmatory attribution, egocentrism, and the perpetuation of self-beliefs ［J］. Journal of Personality and Social Psychology, 1986, 50 (3): 587-594.

［165］Kuwahara T. Technology forecasting activities in Japan ［J］. Technological Forecasting and Social Change, 1999, 60 (1): 5-14.

［166］Landeta J. Current validity of the Delphi method in social sciences ［J］. Technological Forecasting and Social Change, 2006 (73): 467-482.

［167］Landry J A, Smyer M A, Tubman J G, et al. Validation of two methods of data collection of self-reported medicine use among the elderly ［J］. The Gerontologist, 1988, 28 (5): 672-676.

［168］Larreché J C, Moinpour R. Managerial judgment in marketing: The concept of expertise ［J］. Journal of Marketing Research, 1983 (20): 110-121.

［169］Leleu T D, Jacobson I G, Leardmann C A, et al. Application of latent semantic analysis for open-ended responses in a large, epidemiologic study ［J］. BMC Medical Research Methodology, 2011 (11): 136.

［170］Lewis N, Taylor J. Anxiety and extreme response preferences ［J］. Educational & Psychological Measurement, 1955 (15): 111-116.

［171］Light C, Zax M, Gardiner D. Relationship of age, sex, and intelligence level to extreme response style [J]. Journal of Personality & Social Psychology, 1965 (2): 907-909.

[172] Linstone H A. The Delphi technique [A] // Fowles J. Handbook of futures research [M]. Westport: Greenwood Press, 1978.

[173] Liu W K. Application of the fuzzy Delphi method and the fuzzy analytic hierarchy process for the managerial competence of multinational corporation executives [J]. International Journal of e-Education, e-Business, e-Management and e-Learning, 2013 (3): 313-317.

[174] Long J S. Regression models for categorical and limited dependent variables [M]. California: Sage Publications, 1997.

[175] Lounsbury M. A tale of two cities: Competing logics and practice variation in the professionalizing of mutual funds [J]. Academy of Management Journal, 2007, 50 (2): 289-307.

[176] Ludlow J. Delphi inquiries and knowledge utilization [A] // Linstone H A, Turoff M. The Delphi method-techniques and applications [M]. Reading: Addison-Wesley, 1975.

[177] Lunsford D A, Fussell B C. Marketing business services in Central Europe: The challenge: A report of expert opinion [J]. Journal of Services Marketing, 1993 (7): 13-21.

[178] Lusk C, Delclos G L, Burau K, et al. Mail versus internet surveys: Determinants of method of response preferences among health professionals [J]. Evaluation & the Health Professions, 2007, 30 (2): 186-201.

[179] MacCarthy B L, Atthirawong W. Factors affecting location decisions in international operations—a Delphi study [J]. International Journal of Operations & Production Management, 2003 (23): 794-818.

[180] Magruk A. Concept of uncertainty in relation to the foresight research [J]. Engineering Management in Production and Services, 2017, 9 (1): 46-55.

[181] Maite B, Georgina G, Nuño L, et al. Consensus in the Delphi method: What makes a decision change? [J]. Technological Forecasting and Social Change, Elsevier, 2021: 163.

[182] Makkonen M, Hujala T, Uusivuori J. Policy experts' propensity to change their opinion along Delphi rounds [J]. Technological Forecasting and Social Change, 2016 (109): 61-68.

[183] Marin G, Gamba R J, Marin B V. Extreme response style and acquiescence among hispanics [J]. Journal of Cross-Cultural Psychology, 1992 (23): 498-509.

[184] Marsh H W. Positive and negative global self-esteem: A substantively meaningful distinction or artifactors? [J]. Journal of Personality and Social Psychology, 1996, 70 (4): 810-819.

[185] Martin B R. Foresight in science and technology [J]. Technology Analysis & Strategic Management, 1995, 7 (2): 139-168.

[186] Martin B R, Johnston R. Technology foresight for wiring up the national innovation system: Experiences in Britain, Australia, and New Zealand [J]. Technological Forecasting and Social Change, 1999, 60 (1): 37-54.

[187] Martino J P. A review of selected recent advances in technological forecasting [J].

Technological Forecasting and Social Change, 2003 (70): 719-733.

[188] Martino J P. Technological forecasting for decision making [M]. New York: North-Holland, 1983.

[189] Martino J. Technological forecasting for decision making [M]. New York: American Elsevier, 1983.

[190] Masser I, Foley P. Delphi revisited: Expert opinion in urban analysis [J]. Urban Studies, 1987 (24): 217-225.

[191] Mauksch S, Von Der Gracht H A, Gordon T J. Who is an expert for foresight? A review of identification methods [J]. Technological Forecasting and Social Change, 2020 (154): 119982.

[192] Mayer T, Melitz M J, Ottaviano G I P. Market Size, competition, and the product mix of exporters [J]. American Economic Review, 2014 (104): 495-536.

[193] Mcavoy J, Nagle T, Sammon D. A novel approach to challenging consensus in evaluations: The agitation workshop [J]. Electronic Journal of Information Systems Evaluation, 2013, 16 (1): 47-57.

[194] Meehl P E. Clinical versus statistical prediction: A theoretical analysis and a review of the evidence [M]. Minneapolis: University of Minnesota Press, 1954.

[195] Meijer I, Hekkert M P, Koppenjan J. How perceived uncertainties influence transitions: The case of micro-CHP in the Netherlands [J]. Technological Forecasting and Social Change, 2007, 74 (4): 519-537.

[196] Meijering J V, Tobi H. The effects of feeding back experts' own initial ratings in Delphi studies: A randomized trial [J]. International Journal of Forecasting, 2018, 34 (2): 216-224.

[197] Meisenberg G, Williams A. Are acquiescent and extreme response styles related to low intelligence and education? [J]. Personality and Individual Differences, 2008 (44): 1539-1550.

[198] Mengual-Andrés S, Roig-Vila R, Mira J B. Delphi study for the design and validation of a questionnaire about digital competences in higher education [J]. International Journal of Educational Technology in Higher Education, 2016 (13): 12.

[199] Mick D G. Are studies of dark side variables confounded by socially desirable responding? The case of materialism [J]. Journal of Consumer Research, 1996 (23): 106-119.

[200] Miles I. Appraisal of alternative methods and procedures for producing regional foresight [C]. Manchester: CRIC for the European Commission's DG Research funded Starata-Etan Expert Group Action, 2002.

[201] Miles I. Dynamic foresight evaluation [J]. Foresight, 2012, 14 (1): 69-81.

[202] Miller A L, Dumford A D. Open-ended survey questions: Item nonresponse nightmare or qualitative data dream? [J]. Survey Practice, 2014, 7 (5): 1-11.

[203] Miller P V, Cannell C F. A study of experimental techniques for telephone interviewing [J]. Public Opinion Quarterly, 1982 (46): 250-269.

[204] Minkkinen M, Auffermann B, Ahokas I. Six foresight frames: Classifying policy foresight processes in foresight systems according to perceived unpredictability and pursued change [J]. Technological Forecasting and Social Change, 2019, 149 (4): 119753.

[205] Mintzberg H. The rise and fall of strategic planning: Reconceiving roles for planning, plans, planners [M]. New York: Free Press, 1994.

[206] Mischel W, Shoda Y. A cognitive-affective system theory of personality: Reconceptualizing situations, dispositions, dynamics, and invariance in personality structure [J]. Psychological Review, 1995 (102): 246-268.

[207] Mitchell V W. The Delphi technique: An exposition and application [J]. Technology Analysis & Strategic Management, 1991, 3 (4): 333-358.

[208] Molto J, Segarra P, Avila C. Impulsivity and total response speed to a personality questionnaire [J]. Personality and Individual Differences, 1993 (15): 97-98.

[209] Mondak J J, Anderson M R. The knowledge gap: A reexamination of gender-based differences in political knowledge [J]. Journal of Politics, 2004 (66): 492-512.

[210] Moors G. Exploring the effect of a middle response category on response style in attitude measurement [J]. Quality & Quantity, 2008 (42): 779-794.

[211] Morgan S P, Teachman J D. Logistic regression: Description, examples and comparisons [J]. Journal of Marriage and the Family, 1988 (50): 925-936.

[212] Mullen P M. Delphi: Myths and reality [J]. Journal of Health Organization and Management, 2003, 17 (1): 37-52.

[213] Munier F, Rondé P. The role of knowledge codification in the emergence of consensus under uncertainty: Empirical analysis and policy implications [J]. Research Policy, 2001 (30): 1537-1551.

[214] Murphy M K, Sanderson C F B, Black N A, et al. Consensus development methods, and their use in clinical guideline development [J]. Health Technology Assessment, 1998 (2): 5-83.

[215] Musa H D, Yacob M R, Abdullah A M, et al. Delphi method of development environmental well-being indicators for the evaluation of urban sustainability in Malaysia [J]. Procedia Environmental Science, 2015 (30): 244-249.

[216] Mussweiler T, Strack F, Pfeiffer T. Overcoming the inevitable anchoring effect: Considering the opposite compensates for selective accessibility [J]. Personality and Social Psychology Bulletin, 2000, 26 (9): 1142-1150.

[217] Myers D G, Wojcicki S B, Aardema B S. Attitude comparison: Is there ever a bandwagon effect? [J]. Journal of Applied Social Psychology, 1977, 7 (4): 341-347.

［218］Naemi B D, Beal D J, Payne S C. Personality predictors of extreme response style ［J］. Journal of Personality, 2009, 77（1）：261-286.

［219］National Institute of Science and Technology Policy（NISTEP）. 第 11 回科学技术预测调查概要［EB/OL］.（2019-11-01）［2022-12-20］. https：//www. nistep. go. jp/wp/wp-content/uploads/ST-Foresight-2019-summary. pdf.

［220］Naylor C D, Basinski A, Baigrie R S, et al. Placing patients in the queue for coronary revascularization：Evidence for practice variations from an expert panel process ［J］. American Journal of Public Health, 1990（80）：1246-1252.

［221］Negro S, Suurs R A A, Hekkert M. The bumpy road of biomass gasification in the Netherlands：Explaining the rise and fall of an emerging innovation system ［J］. Technological Forecasting and Social Change, 2008（75）：57-77.

［222］Nehme C C, Santos M De M, Filho L F, et al. Challenges in communicating the outcomes of a foresight study to advise decision-makers on policy and strategy ［J］. Science and Public Policy, 2012, 39（2）：245-257.

［223］Newby-Clark I R, Ross M, Buehler R, et al. People focus on optimistic scenarios and disregard pessimistic scenario when predicting task completion times ［J］. Journal of Experimental Psychology：Applied, 2000, 6（3）：171-182.

［224］Nickerson R S. Confirmation bias：A ubiquitous phenomenon in many guises ［J］. Review of General Psychology, 1998, 2（2）：175-220.

［225］Noelle-Neuman E. Wanted：Rules for wording structured questionnaires ［J］. Public Opinion Quarterly, 1970（34）：90-201.

［226］Nowack M, Endrikat J, Guenther E. Review of Delphi-based scenario studies：Quality and design considerations ［J］. Technological Forecasting and Social Change, 2011（78）：1603-1615.

［227］Nowotny H, Scott P, Gibbons M. The co-evolution of society and science ［A］// Nowotny H, Scott P, Gibbons M. Re-thinking science：Knowledge and the public in an age of uncertainty ［M］. Cambridge：Polity Press, 2001：30-49.

［228］Oppenheimer D M. The secret life of fluency ［J］. Trends in Cognitive Sciences, 2008, 12（6）：237-241.

［229］Oudejans M, Christian I M. Using interactive features to motivate and probe responses to open-ended questions ［A］// Das M, Ester P, Kaczmirek L. Social and behavioral research and the Internet ［M］. New York：Routledge, 2011.

［230］Parenté F J, Anderson J K, Myers P, et al. An examination of factors contributing to Delphi accuracy ［J］. Journal of Forecasting, 1984（3）：173-82.

［231］Park B, Son S H. Korean technology foresight for national S&T planning ［J］. International Journal of Foresight and Innovation Policy, 2010, 6（1/2/3）：166-181.

[232] Paulhus D L. Measurement and control of response biases [A] // Robinson J, Shaver P, Wrightsman L. Measures of personality and social psychological attitudes [M]. San Diego: Academic Press, 1991.

[233] Podsakoff P M, Mackenzie S B, Lee J Y, et al. Common method biases in behavioral research: A critical review of the literature and recommended remedies [J]. Journal of Applied Psychology, 2003, 88 (10): 879-903.

[234] Popper R. How are foresight methods selected? [J]. Foresight, 2008, 10 (6): 62-89.

[235] Popper R. Mapping foresight: Revealing how Europe and other world regions navigate into the future [R]. EFMN, Luxembourg: Publications Office of the European Union, European Commission, 2009.

[236] Popper R, Miles I. IST and Europe's objectives-a survey of expert opinion [A] // Pascu C, Filip F. Visions of the future for IST, challenges and bottlenecks towards lisbon 2010 in an enlarged Europe [M]. Bucharest: Publishing House of the Romanian Academy, 2005.

[237] Postmes T, Lea M. Social processes and group decision making: Anonymity in group decision support systems [J]. Ergonomics, 2000, 43 (8): 1252-1274.

[238] Powell C. The Delphi technique: Myths and realities [J]. Journal of Advanced Nursing, 2003, 41 (4): 376-382.

[239] Rabin M, Schrag J L. First impressions matter: A model of confirmatory bias [J]. The Quarterly Journal of Economics, 1999, 114 (1): 37-82.

[240] Ramirez C, Sharp K, Foster L. Mode effects in an internet: Paper survey of employees [C]. Portland: The American Association for Public Opinion Research, 2000.

[241] Rankin G, Rushton A, Olver P, et al. Chartered society of physiotherapy's identification of national research priorities for physiotherapy using a modified Delphi technique [J]. Physiotherapy, 2012, 98 (3): 260-272.

[242] Raskin M S. The Delphi study in field instruction revisited: Expert consensus on issues and research priorities [J]. Journal of Social Work Education, 1994 (30): 75-89.

[243] Rauch W. The decision Delphi [J]. Technological Forecasting and Social Change, 1979 (15): 159-169.

[244] Rayens M K, Hahn E J. Building consensus using the policy Delphi method [J]. Policy, Politics & Nursing Practice, 2000 (1): 308-315.

[245] Riggs W E. The Delphi method: An experimental evaluation [J]. Technological Forecasting and Social Change, 1983 (23): 89-94.

[246] Riley M, Wood R C, Clark M A, et al. Researching and writing dissertations in business and management [M]. London: Thomson Learning, 2000.

[247] Rogelberg S G, Luong A. Nonresponse to mailed surveys: A review and guide [J].

Current Directions in Psychological Science, 1998, 7 (2): 60-65.

[248] Rogers M R, Lopez E C. Identifying critical cross-cultural school psychology competencies [J]. Journal of School Psychology, 2002 (40): 115-141.

[249] Rowe G, Wright G, Bolger F. Delphi-a revaluation of research and theory [J]. Technological Forecasting and Social Change, 1991, 39 (3): 235-251.

[250] Rowe G, Wright G. Expert opinions in forecasting: The role of the Delphi technique [A] // Armstrong J S. Principles of forecasting: A handbook for researchers and practitioners [M]. Boston: Kluwer Academic Publishers, 2001.

[251] Rowe G, Wright G, Mccoll A. Judgment change during Delphi-like procedures: The role of majority influence, expertise, and confidence [J]. Technological Forecasting and Social Change, 2005, 72 (4): 377-399.

[252] Rowe G, Wright G. The Delphi technique as a forecasting tool: Issues and analysis [J]. International Journal of Forecasting, 1999 (15): 353-375.

[253] Rowe G, Wright G. The impact of task characteristics on the performance of structured group forecasting techniques [J]. International Journal of Forecasting, 1996, 12 (1): 73-89.

[254] Runge C, Waller M, Mackenzie A, et al. Spouses of military members' experiences and insights: Qualitative analysis of responses to an open-ended question in a survey of health and wellbeing [J]. PloS One, 2014, 9 (12): 9.

[255] Russo J E, Carlson K A, Meloy M G, et al. The goal of consistency as a cause of distortion [J]. Journal of Experimental Psychology: General, 2008, 137 (3): 456-470.

[256] Russo J E, Medvec V H, Meloy M G. The distortion of information during decisions [J]. Organizational Behavior and Human Decision Processes, 1996, 66 (1): 102-110.

[257] Salancik J R, Wenger W, Helfer E. The construction of Delphi event statements [J]. Technological Forecasting and Social Change, 1971 (3): 65-73.

[258] Saldanha J, Gray R. The potential for British coastal shipping in a multimodal chain [J]. Maritime Policy & Management, 2002 (29): 77-92.

[259] Salmenkaita J, Salo A. Rationales for government intervention in the commercialization of new technologies [J]. Technology Analysis & Strategic Management, 2002, 14 (2): 183-200.

[260] Schaefer D, Dillman D. Development of a standard e-mail methodology: Results of an experiment [J]. Public Opinion Quarterly, 1998 (62): 378-397.

[261] Scheibe M, Skutsch M, Schofer J. Experiments in Delphi methodology [A] // Linstone H A, Turoff M. The Delphi method-techniques and applications [M]. Reading: Addison-Wesley, 1975.

[262] Scholz E, Zuell C. Item nonresponse in open ended questions: Who does not answer on the meaning of left and right? [J]. Social Science Research, 2012 (41): 1415-1428.

［263］Sedlacko M, Gjoksi N. Futures studies in the governance for sustainable development: Overview of different tools and their contribution to public policy making ［R］. ESDN Quarterly Report, 2010.

［264］Sedlacko M, Gjoksi N. Futures studies in the governance for sustainable development: Overview of different tools and their contribution to public policy making ［R］. ESDN, Quarterly Report March, 2010.

［265］Shah H, Kalaian S A. Which parametric statistical method to use for analyzing Delphi data? ［J］. Journal of Modern Applied Statistical Method, 2009, 8（1）: 226-232.

［266］Shanteau J. Why task domains（still）matter for understanding expertise ［J］. Journal of Applied Research in Memory and Cognition, 2015, 4（3）: 169-175.

［267］Sharot T, Korn C W, Dolan R J. How unrealistic optimism is maintained in the face of reality ［J］. Nature Neuroscience, 2011（14）: 1475-1479.

［268］Shields T J, Silcock G W H, Donegan H A, et al. Methodological problems associated with the use of the Delphi technique ［J］. Fire Technology, 1987（23）: 175-185.

［269］Shrum W. Quality judgement of technical fields: Bias, marginality and the role of the elite ［J］. Scientometrics, 1985（8）: 35-57.

［270］Slaughter R A. Developing and applying strategic foresight ［R］. ABN Report, 1997.

［271］Slaughter R. The foresight principle: Cultural recovery in the 21st century ［M］. New York: Praeger Publishers, 1995.

［272］Smith B, Smith T C, Gray G C, et al. When epidemiology meets the Internet: Web-based surveys in the millennium cohort study ［J］. American Journal of Epidemiology, 2007, 166（11）: 1345-1354.

［273］Smith K W, Sasaki M S. Decreasing multicollinearity: A method for models with multiplicative functions ［J］. Sociological Methods & Research, 1979（8）: 35-56.

［274］Smyth J D, Dillman D A, Christian L M, et al. Open ended questions in web surveys: Can increasing the size of answer boxes and providing extra verbal instructions improve response quality ［J］. Public Opinion Quarterly, 2009, 73（2）: 325-337.

［275］Sniezek J A. A comparison of techniques for judgmental forecasting by groups with common information ［J］. Group and Organization Studies, 1990（15）: 5-19.

［276］Sniezek J A. An examination of group process in judgmental forecasting ［J］. International Journal of Forecasting, 1989（5）: 171-178.

［277］Sniezek J A, Buckley T. Cueing and cognitive conflict in judge-advisor decision making ［J］. Organizational Behavior and Human Decision Processes, 1995（62）: 159-174.

［278］Sniezek J A, Van Swol L M. Trust, confidence, and expertise in a judge-advisor system ［J］. Organizational Behavior and Human Decision Processes, 2001, 84（2）: 288-307.

［279］Sobel J, Deforge B R, Ferentz K S, et al. Physician response to multiple questionaire mailings [J]. Evaluation Review, 1990, 14 (6): 711-722.

[280] Sosdian C P, Sharp L M. Nonresponse in mail surveys: Access failure or respondent resistance [J]. Public Opinion Quarterly, 1980, 44 (3): 396-402.

[281] Spickermann A, Zimmermann M, Von Der Gracht H A. Surface- and deep-level diversity in panel selection—exploring diversity effects on response behaviour in foresight [J]. Technological Forecasting and Social Change, 2014 (85): 105-120.

[282] Steinert M. A dissensus based online Delphi approach: An explorative research tool [J]. Technological Forecasting and Social Change, 2009 (76): 291-300.

[283] Stein J A. Introduction: Globalization, science, technology and policy [J]. Science and Public Policy, 2005, 29 (6): 402-408.

[284] Stewart T R. Improving reliability in judgmental forecasts [A] //Armstrong J S. Principles of forecasting, norwell [M]. MA: Kluwer Academic Publishers, 2001.

[285] Sturken M, Thomas D. Technological visions and the rhetoric of the new [A] // Sturkel M, Thomas D, Ball-Rokeach S J. Technological visions: The hopes and fears that shape new technologies [M]. Philadelphia: Temple University Press, 2004.

[286] Sudman S, Bradburn N. Asking Questions [M]. San Francisco: Josey-Bass, 1982.

[287] Tapio P. Disaggregative policy Delphi using cluster analysis as a tool for systematic scenario formation [J]. Technological Forecasting and Social Change, 2002 (70): 83-101.

[288] Tetlock P E. Expert political judgment. How good is it? How can we know? [M]. Princeton: Princeton University Press, 2006.

[289] Tetlock P E, Lebow R N. Poking counterfactual holes in covering laws: Cognitive styles and historical reasoning [J]. American Political Science Review, 2001, 95 (4): 829-843.

[290] Thomas R P, Lawrence A. Assessment of expert performance compared across professional domains [J]. Journal of Applied Research in Memory and Cognition, 2018, 7 (2): 167-176.

[291] Thornton P H. Personal versus market logics of control: A historically contingent theory of the risk of acquisition [J]. Organization Science, 2001, 12 (3): 294-311.

[292] Tourangeau R, Rips L J, Rasinski K. The psychology of survey response [M]. New York: Cambridge University Press, 2000.

[293] Travis G D, Collins H M. New light on old boys: Cognitive and institutional partcularism in the peer review system [J]. Science Technology & Human Values, 1991, 16 (3): 322-341.

[294] Trevelyan E G, Robinson N. Delphi methodology in health research: How to do it? [J]. European Journal of Integrative Medicine, 2015, 7 (4): 423-428.

[295] Tsikerdekis M. The effects of perceived anonymity and anonymity states on conformity and groupthink in online communities: A wikipedia study [J]. Journal of the Association for Infor-

mation Science and Technology, 2013, 64 (5): 1001-1015.

[296] Turnbull A E, Dinglas V D, Friedman L A, et al. A survey of Delphi panelists after core outcome set development revealed positive feedback and methods to facilitate panel member participation [J]. Journal of Clinical Epidemiology, 2018, 102 (410): 99-106.

[297] Turoff M. The design of a policy Delphi [J]. Technological Forecasting and Social Change, 1970 (2): 149-171.

[298] Turoff M. The Policy Delphi [A] // Linstone H A, Turoff M. The Delphi method-techniques and applications [M]. Reading: Addison-Wesley, 1975: 84-101.

[299] Tversky A, Kahneman D. Judgment under uncertainty: Heuristics and biases [J]. Science, 1974 (185): 1124-1131.

[300] Tversky A, Kahneman D. The framing of decisions and the psychology of choice [J]. Science, 1981 (211): 453-458.

[301] Uotila T, Melkas H, Harmaakorpi V. Incorporating futures research into regional knowledge creation and management [J]. Futures, 2005, 7 (8): 849-866.

[302] Van De Ven A H, Delbecq A L. The effectiveness of nominal, Delphi, and interacting group decision making processes [J]. Academy of Management Journal, 1974 (17): 605-621.

[303] Van Swol L M, Sniezek J A. Factors affecting the acceptance of expert advice [J]. British Journal of Social Psychology, 2005, 44 (3): 443-461.

[304] Van Vaerenbergh Y, Thomas T D. Response styles in survey research: A literature review of antecedents, consequences, and remedies [J]. International Journal of Public Opinion Research, 2013 (25): 195-217.

[305] Van Zolingen S J, Klaassen C A. Selection processes in a Delphi study about key qualifications in senior secondary vocational education [J]. Technological Forecasting and Social Change, 2003, 70 (4): 317-340.

[306] Vecchiato R. Strategic foresight: Matching environmental uncertainty [J]. Technology Analysis & Strategic Management, 2012, 24 (8): 783-796.

[307] Viale R, Etzkowitz H. The capitalization of knowledge: A triple helix of university-industry-government [M]. Cheltenham: Edward Elgar Publishing, 2010.

[308] Von Der Gracht H A. The future of logistics-scenarios for 2025 [M]. Wiesbaden: Gabler, 2008.

[309] Von Der Gracht H A. Consensus measurement in Delphi studies review and implications for future quality assurance [J]. Technological Forecasting and Social Change, 2002 (79): 1525-1536.

[310] Voros J. A generic foresight process framework [J]. Foresight, 2003, 5 (3): 10-21.

[311] Vuong Q H. Likelihood ratio tests for model selection and non-nested hypotheses [J]. Econometrica, 1989 (57): 307-333.

[312] Wang Y, Yeo G T, Ng A K Y. Choosing optimal bunkering ports for lines shipping companies: A hybrid Fuzzy-Delphi-TOPSIS approach [J]. Transport Policy, 2014 (35): 358-365.

[313] Weaver W T. The Delphi forecasting method [J]. Phi Delta Kappan, 1971 (52): 267-271.

[314] Weber K M, Kubeczko K, Kaufmann A, et al. Trade-offs between policy impacts of future-oriented analysis: Experiences from the innovation policy foresight and strategy process of the City of Vienna [J]. Technology Analysis & Strategic Management, 2009, 21 (8): 953-969.

[315] Wechsler W. Delphi-methode: Gestaltung und potential für betriebliche Prognoseprozesse [M]. München: Florentz, 1978.

[316] Weijters B, Geuens M, Schillewaert N. The stability of individual response styles [J]. Psychological Methods, 2010 (15): 96-110.

[317] Weijters B. Response styles in consumer research [D]. Ghent: Ghent University, 2006.

[318] Weinstein N D. Unrealistic optimism about future life events [J]. Journal of Personality and Social Psychology, 1980 (39): 806-820.

[319] Welty G. Problems of selecting experts for Delphi exercises [J]. Academy of Management Journal, 1972, 15 (1): 121-124.

[320] West J F, Cannon G S. Essential collaborative consultation competencies for regular and special educators [J]. Journal of Learning Disabilities, 1988 (21): 56-63.

[321] Whitman N I. The committee meeting alternative: Using the Delphi technique [J]. The Journal of Nursing Administration, 1990, 51 (1): 57-68.

[322] Whyte G. Groupthink reconsidered [J]. Academy of Management Review, 1989, 14 (1): 40-56.

[323] Wiener M, Gattringer R, Strehl F. Open foresight in the front-end of an open innovation process, September, 2015 [C]. Stockholm: 16th International CINet Conference-Pursuing Innovation Leadership, 2015.

[324] Wilkinson A. Scenario practices: In search of theory [J]. Journal of Futures Studies, 2009 (13): 107-114.

[325] Wilkinson E. Relationship between measures of intellectual functioning and extreme response style [J]. Journal of Social Psychology, 1970 (81): 271-272.

[326] Williams K Y, O'reilly C A. Demography and diversity in organizations: A review of 40 years of research [J]. Research in Organizational Behavior, 1998 (20): 77-140.

[327] Williams P L, Webb C. The Delphi technique: A methodological discussion [J]. Journal of Advanced Nursing, 1994 (19): 180-186.

[328] Windschitl P, Scherer A, Smith A R, et al. Why so confident? The influence of outcome desirability on selective exposure and likelihood judgment [J]. Organizational Behavior and Human Decision Processes, 2013, 120 (1): 73-86.

[329] Wong N, Rindfleisch A, Burroughs J E. Do reverse-worded items confound measures in cross-cultural consumer research? The case of the material values scale [J]. Journal of Consumer Research, 2003 (30): 72-91.

[330] Woudenberg F. An evaluation of Delphi [J]. Technological Forecasting and Social Change, 1991, 40 (2): 131-150.

[331] Wright G, Ayton P. Judgemental probability forecasting in the immediate and medium term [J]. Organizational Behavior and Human Decision Processes, 1992 (51): 344 -363.

[332] Yaniv I, Kleinberger E. Advice taking in decision making: Egocentric discounting and reputation formation [J]. Organizational Behavior and Human Decision Processes, 2000, 83 (2): 260-281.

[333] Yaniv I, Milyavsky M. Using advice from multiple sources to revise and improve judgments [J]. Organizational Behavior and Human Decision Processes, 2007, 103 (1): 104-120.

[334] Yaniv I. Receiving other people's advice: Influence and benefit [J]. Organizational Behavior and Human Decision Processes, 2004, 93 (1): 1-13.

[335] Young I. Inclusion and democracy [M]. New York: Oxford University Press, 2000.

[336] Zakay D. The relationship between the probability assessor and the outcomes of an event determiner of subjective probability [J]. Acta Psychologica, 1983 (53): 271-280.

[337] Zimmermann M, Darkow I L, Von Der Gracht H A. Integrating Delphi and participatory backcasting in pursuit of trustworthiness—the case of electric mobility in Germany [J]. Technological Forecasting and Social Change, 2012, 79 (9): 1605-1621.

[338] Zinn J, Zalokowski A, Hunter L. Identifying indicators of laboratory management performance: A multiple constituency approach [J]. Health Care Management Review, 2001 (26): 40-53.

[339] Zuckerman M, Norton J. Response set and content factors in the California F scale and the parental attitude research instrument [J]. Journal of Social Psychology, 1961 (53): 199-210.

[340] Zuell C, Menold N, Korber S. The influence of the answer box size on item nonresponse to open-ended questions in a web survey [J]. Social Science Computer Review, 2015, 33 (1): 115-122.

[341] Zuell C, Scholz E. Who is willing to answer open-ended questions on the meaning of left and right? [J]. Bulletin of Sociological Methodology, 2015, 127 (1): 26-42.

[342] 蔡华俭, 林永佳, 武秋萍, 等. 网络调查和纸笔测验的测量不变性研究——以生活满意度量表为例 [J]. 心理学报, 2008, 40 (2): 228-239.

［243］岑延远. 解释水平视角下的乐观偏差效应［J］. 心理科学，2016（3）：553-558.

［344］陈强. 高级计量经济学及 STATA 应用（2 版）［M］. 北京：高等教育出版社，2014.

［345］陈瑜，丁堃. 新兴技术价值前置型治理——应对新兴技术不确定性的新路径［J］. 自然辩证法通讯，2018（5）：102-110.

［346］程家瑜. 技术预测中咨询专家人数、权重和评价意见的讨论［J］. 中国科技论坛，2007（5）：24-27.

［347］杜素豪. 社会距离与平衡型态度量表的回答模式［J］. 调查研究—方法与应用，2012（27）：113-156.

［348］郭庆科，王昭，韩丹，等. 中国高中学生中的反应风格及其效应［J］. 心理学报，2007，39（1）：176-183.

［349］柯承恩，孙智丽，吴学良，等. 科技前瞻与政策形成机制：以农业科技前瞻为例［J］. 科技管理学刊，2011，16（3）：1-28.

［350］李盟，郭庆科. 反应风格与人格特质的关系［J］. 心理学进展，2016，6（3）：320-331.

［351］穆荣平，陈凯华. 科技政策研究之技术预见方法［M］. 北京：科学出版社，2021.

［352］穆荣平，王瑞祥. 技术预见的发展及其在中国的应用［J］. 中国科学院院刊，2004，19（4）：259-263.

［353］秦麟征. 预测科学［M］. 贵阳：贵州人民出版社，1985.

［354］孙明玺. 预测和评价［M］. 杭州：浙江教育出版社，1986.

［355］万劲波. 技术预见与创新型社会建设［J］. 世界科学，2015（12）：41-43.

［356］万劲波. 提升科技创新治理能力［N］. 学习时报，2020-06-03（06）.

［357］汪柏林. 采用德尔菲法评估金融不良资产时的收敛性检验［J］. 中国资产评估，2006（7）：36-41.

［358］王俊. 大学教师“科研至上”行为的制度逻辑［J］. 教师教育论坛，2014（2）：54-58.

［359］王彦雨. 科学的社会研究的“第三波”理论研究［J］. 自然辩证法研究，2013，29（4）：54-56.

［360］徐凌. 科学不确定性的类型、来源及影响［J］. 哲学动态，2005（3）：49-53.

［361］伊万·塞林格，罗伯特·克里斯. 专长哲学［M］. 成素梅，张帆，译. 北京：科学出版社，2015.

［362］余序江，许志义，陈泽义. 技术管理与技术预测［M］. 北京：清华大学出版社，2008.

［363］袁立科. 专家背景特征影响国家技术水平评价吗？来自国内外技术竞争调查

的经验证据［J］. 科技进步与对策, 2016 (19): 101-105.

[364] 曾磊, 石忠国, 李天柱. 新兴技术不确定性的起源及应对方法［J］. 电子科技大学学报 (社会科学版), 2007, 9 (2): 34-38.

[365] 张初晴, 李纪珍. 不同类型专家的项目评审差异及其原因［J］. 技术经济, 2018 (5): 115-123.

[366] 赵正国. 科学的不确定性与我国公共政策决策机制的改进［J］. 山东科技大学学报 (社会科学版), 2011 (3): 32-41.

[367] 周桂田. 新兴风险治理典范之刍议［J］. 政治与社会哲学评论, 2007 (22): 179-233.

后　记

由于本书着眼于对预测调查过程中专家行为的思考，兼具理论与实践性质，需要综合运用管理学、经济学、社会学、心理学等多个学科的知识，这就使我在本书构思和写作过程中时常感到力不从心，但该项研究对于加深预测理念的认识，完善优化预测方法所显示的重要性依然使我对此抱有浓厚的兴趣。庆幸的是，我所在的预测研究团队思维开放而活跃，在经常性的交流探讨、观点碰撞中不断激起火花，拓展我思考问题的空间，逐渐形成比较清晰的思路，逐步厘清研究结构、研究方法及研究内容，直到完成该书的定稿。

本书的完成得益于第六次国家技术预测过程中形成的问卷调查数据，在此，对组织本次问卷调查的组织方、参与本次问卷调查的领域专家及参与数据处理的研究人员深表谢意。不然，有再好的分析逻辑，"无米之炊"的困境也很容易让一项研究成为"空中楼阁"。当然，由于研究时间和研究水平的限制，本书还存在诸多疏漏和不当之处，希望读者不吝赐教，也希望有更多的预测领域研究学者加入探讨，继续推进这个具有挑战性的研究领域。

这项研究不断修正、完善，最后定稿和初稿相比已经焕然一新。这是一个艰苦磨炼的过程。感谢中国科学技术发展战略研究院各位领导一直以来对我的指导和关心；感谢院内同事的鼓励与帮助；感谢经济管理出版社各位编辑的辛勤付出。特别感谢家人的理解和支持，在我人生的每一个重要节点，他们都给予了我巨大的支持和鼓励，使我时时感受到家庭的温暖，让我安心于研究工作。最后，感谢所有帮助过我的人，感谢大家！

袁立科